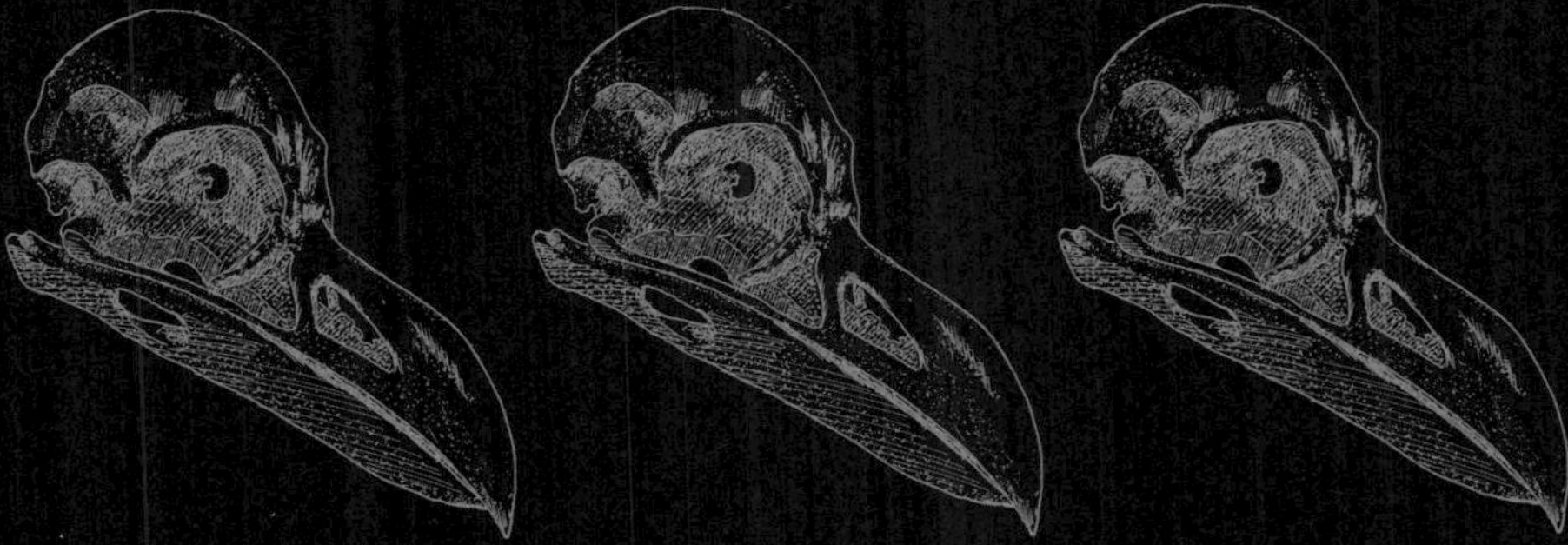

ハシブトガラスの頭骨

カラスの補習授業

松原 始

雷鳥社

本書について

　この本は『カラスの補習授業』である。前著『カラスの教科書』をお読みになって、「なんだよこれ、教科書のくせにこんな事しか書いてねえのかよ！」とお怒りだった方は、こちらを読んで補うことで、もう少し生物学的なところまでお楽しみ頂けるのではないかと思う。

　だが、それにしても脱線が多すぎである。それはカラスにまつわるエトセトラ、カラスから始まる広大な鳥類学、生物学の世界を感じて頂きたいと思ったからだ。前著『カラスの教科書』はその辺りをだいぶ、取りこぼしているのである。だからこの本は漏れを塞ぐための「補修授業」でもある。とはいえ、思い浮かぶままにエピソードを詰め込んでしまったらアホみたいに話が広がりすぎた。だが、何であれ捕まえて集めて考えるのは研究の基本でもある。そういう意味では、心に浮かぶよしなしごとを拾い集めた「捕集授業」とも言える。

また、学問は「学ビテ時ニ之ヲ習フ」ものだ。思い返し考え直し、時々まぜていないと焦げ付いてダメになってしまうのは、カレーと同じだ。この本を書くためにだいぶん脳と本棚をかき回したから、自分自身の知識と思考の「保守事業」でもあったろう。

だが、補習とはいえ、これは教科書の続きでもある。だから、カラス好きが好き勝手なことをもっと好き勝手に書き連ねた「強化版の狂歌書」と見るのが、やっぱり一番正しい。

松原　始

五時間目　地理の時間

六時間目　社会Ⅰの時間

はじめに

前著、『カラスの教科書』は200ページ強の予定で書いていた。それが400ページになってしまったのは、私が無闇に書いてしまったのと、編集部も好きに書いていいと言ってくれたのと、しまいには400ページやっちまえ！　になっちゃったからである**（註1）**。大学時代の友人で、日曜の朝ふと思い立って下宿の裏山に登ってみたはずが気づいたら比叡山の山頂にいた、という奴がいるが、その気持ちがちょっとわかった。だが、あれでもページ数は抑えに抑えたし、「カラスに親しみをもってもらう」を第一目標に、小難しい話も書かないと制約を課しておいたのだ。

さて、本を書かせて頂いたおかげで、あちこちとの連繫や繫がりというものを感じさせられた。考えてみれば、この世の中はいろいろと、無意識のうちに連動しているのである。一例を挙げよう。

昨日、私は水餃子を作って食ったが、その理由は数日前、雷鳥社の編集さんと打合せた後に東京駅近くのガード下で水餃子を食べ、モチモチ、とぅるとぅるした感じが忘れられなかったからである。同じく「うまい」と思ったモヤシ炒めにせず、わざわざ餃子を皮から打ったのは、米が切れていたからだ**（註2）**。米を切らしたままだったのは展示更新で忙しい日が続いたため、パックご飯で済ませていたせいだ。カラス調査の途中で精米したての米を見かけて買っておこうかとも思いつつ、ちょいと腰に不安があって担いで帰るのをためらったことも関係している。米の代わりに小麦粉を使うならカレーとナンだっていいのだが、これは少し前に作ってしまっていたので避けた（ちなみにその日カレーにしたのは、急に暑くなったのと筋肉少女帯の曲を思い出したからである）。そして、帰りに立ち寄ったスーパーに手頃な値段の白菜、ニラ、豚ひき肉がなければ、また冷蔵庫に山西省の黒酢が残っていなければ、無理に餃子を推すことはなかっただろう。あるいは、開けてあったワインを前日までに飲み切っていなければ餃子をやめてパスタにしただろうし、ワインを空けてしまった理由には頂き物のマスタードが関係している。

ということは、「なんで餃子にしたの？」と聞かれてキッチリ答えた場合、俺にカレーを食わせて日本を印度にしてしまおうと思った理由などを省いても、かなり長い説明がいるわけだ。ま、普通はここまで馬鹿丁寧に長々と喋らず、「そんな昔のことは覚えていない」とでも言って済ませるだろうが。

これはカラスの説明でも同じことだ。カラスが電線に止まって「カア、カア、カア」と鳴いていたとしよう。「あれはなんで鳴いてるんですか」と聞かれて、「仲間を呼んでるんですよ」と答えるのは簡単だ。だが、「仲間」って一体、誰？「呼ぶ」って、呼んで何が嬉しいの？　自分で独り占めしようとか思わないの？　誰がどうやってその事を確かめたの？　といった疑問が頭に浮かんだ場合、いささか長い解説がいる。生物の集団とは、社会とは、個体間の関係性とは、科学における仮説と検証とは、などなど、鳥一般や生物一般や科学一般を説明しないといけない。さらに、他のカラスはあんな風に仲間を呼ばないの？　などと考えだすと、種間の社会の違い、餌の違い、生息環境の違い、信号の違いにも触れる必要がある。さあ大変だ。どこからしゃべればいいんだ。カラスの個体同士も繋がっていて、考えるべき話題も繋がっていて、生物と環境や歴史も、私の頭の中の雑多な記憶や知識も繋がっている。とてもじゃないが一つだけ切り分けてくるのは不可能である。

このような本当は面白いアレコレを、『カラスの教科書』では書き漏らしているのである。書いてしまうとどうしても硬い話になる上、400ページどころか1000ページになっていたところだ。そんなもん誰が読むか。枕や筋トレにはいいかもしれないが。だが、本当はそのバックグラウンドこそが面白いのだ。うおお、語りたい。語りたいぞおぉぉ。

ということで、語っちゃったのがこの本である。関連するあれこれ、カラスの話題を手繰ると芋づる式にくっついて来るなんだかんだを書いてしまったら、ドえらく濃い原稿になった。「内容が濃い」のではない。関西弁でいう「性格が濃ゆい」のである。理由は簡単、あれこれ思いつきすぎたネタまで勢いにまかせて放り込んじゃったからだ。なんてパトスでカオスでシソーラス。これを全てフォローできる人がいたらそれはまるで私、もはや私自身である。とっ散らかった内容をオールアスペクトに捕捉できる（註3）読者がそうそういるとは思えないので、大幅に解説をつけることにした。今回は専門書っぽく註釈が充実した作りだ。

無論、あれこれ書き連ねたからと言って「カラスに興味があるならこれくらい覚えておくべし」なんて事を言うつもりは全くない。音律学を知らなくても音楽に聴き惚れることはできる（私も全然知らない）。絵画を見るのにも、別に小理屈をひねくり回す必要はない（私もまったく知らない）。というかそんな小難しい事を考えながら見ていたら感動が薄れる。私は偏屈な上に野人なので、「これくらい知ってないと理解できないよね（フフン）」なんて言われたら「うるせえボケ」と言い返したいタイプだ。

とはいえ、背景になるあれこれを知っていると、見る時の切り口が増えるのは確かだ。スマホのバッテリーが切れてヒマを持て余した時にも、カラスの事を考えて時間を潰すことができる。何も考えずにカラスを見たい時は考えるのをやめればいい。究極の超生命体だってしまいに考えるのをやめたのだから**（註4）**、我々にできないはずはない。

ということで、カラスの補習授業の開始である。『カラスの教科書』が入門書なら、『カラスの補習授業』はもう少し踏み込んだ、夏期講習みたいなものだ。カラスから広がる世界をお楽しみ頂きつつ、あまりの脱線と妄想ぶりに「お前アホか」と突っ込んで頂ければ幸いに思う。私は殺せんせーではないので一人ずつに合わせた授業はできないが、なるべく幅広く対応するつもりである。ヌルフフフ（註5）。

あ、一つ追加。前著『カラスの教科書』を「カラス愛がダダ漏れ」と評して頂けるのは有り難いし、実際私はカラスを愛しているのだが、私が愛しているのはカラスだけではない。カラス「も」愛しているのだ。「も」のレベルがちょっと振り切ってる感はあるが、他の鳥も動物も、カエルだってオケラだってアメンボだって大好きだ。

それから、『カラスの教科書』の魅力の半分ほどを握るキャラ「カラスくん」は、編集およびブックデザイン担当の植木ななせさんの手によるものである。途中で奥付に追記したのだが、時折、私が描いたものと誤解されているので明記しておく。私が描いたのは写実的なスケッチで、本書でも同様である。

註1【400ページ】『カラスの教科書』は文字が大きくて行間も広いのだが、敢えてそういうデザインなので勘弁して頂きたい。本とは単なる文字情報の羅列ではないのだ。

註2【米が切れていた】 日本では餃子とご飯の組み合わせは普通だが、中国では水餃子だけで完結した食事扱いのことが多いらしいので、本場に倣ってみた。中国人にしてみると「餃子＋ご飯」は「おにぎり＋ご飯」とか「サンドイッチ＋パン」みたいな印象らしい。なお、私は関西人なので「粉モノ＋ご飯」も拒絶はしないが、巷でネタにされるほど誰でも普通に食っているわけではない。また、関西ではタコ焼き用の鉄板が全家庭にあるというのも言い過ぎである。いや、ウチにもあったけどな。

註3【オールアスペクトに捕捉】 昔の赤外線追尾ミサイルはジェットエンジンの排気熱を捉えるため敵機の後ろから狙う必要があったが、新世代のものはより低温の目標も捕捉できるので全方位どこから狙っても発射可能。これを「オールアスペクト交戦能力」と呼ぶ。性能によっては、すれ違いながら発射しても反転して目標を追尾する……というようなネタが余裕でわかってしまう読者がいる可能性も微レ存（註6）。特に私の友人数名。

註4【究極の超生命体】『ジョジョの奇妙な冒険』（荒木飛呂彦／集英社）第二部に登場する敵のラスボス、カーズは無敵の能力と知能を持つ上に不死というチートすぎるキャラだったが、火山の噴火によって宇宙に放り出され、永遠の時の中でついに考えるのをやめた。

註5【ヌルフフフ】『暗殺教室』（松井優征／集英社）に登場する謎の~~タコ~~担任、殺《ころ》せんせーの含み笑い。だが、暗殺教室と言えば烏間先生。ほーらカラスですよ。しかし単行本12巻の人気投票で烏間先生が4位とは納得できませんねぇ。先生悲しいです。

註6【微レ存】「微粒子レベルで存在する」の略。字面としては肯定だが、意味するところは限りなく否定に近い。ネットスラングの一つ。

みなさんおはようございます。
今日はカラスの補習授業です。
カラスがどんな生き物だったか、
思い出しておいてください。
あと、前著の訂正というか
セルフ突っ込みがいくつかあるので、
目を通しておくように。

授業の前に
朝礼での伝達事項

カラスって何でしたっけ？

ちょっとだけカラスについて説明しておこう。いきなりハシブトとかハシボソとか聞かされても大丈夫な方は、この章を読む必要はない。もちろん一読して「そんなこと知ってるもーん」と確認して頂いても構わない。

カラスというのは、スズメ目カラス科の鳥のうち、カラス属の40種弱を呼ぶ名前だ。広い意味で「カラスの仲間」と言えばカラス科全体、カササギやカケスやオナガも含むことがある。

カラス属は南米とニュージーランドを除く世界中に分布する中型の鳥だ。色合いは基本的に黒い。せいぜいが白黒か灰黒の2トーンまでで、カラフルなカラスはいない。

カラスは雑食性で、果実、昆虫など小動物の他、捕食動物の食べ残しや動物の死骸を食べるスカベンジャー（掃除屋）でもあるのが特徴だ。人家近くでゴミを漁っているのもよく見るが、これもスカベンジャーゆえである。生ゴミとは人間の食べ残しなので、当然、カラスにとってはこれも「片付けるべき餌」と見なされる。飲み過ぎて道ばたで吐いちゃった場合、これも明け方のうちにカラスが片付けてしまう。

日本で繁殖しているカラスはハシブトガラスとハシボソガラスの2種（註1）。ハシとは嘴のことで、嘴が太くて大きいのがハシブトガラス、細くて顔全体がシュッとしているのがハシボソガラスだ。ハシブトガラスの方が少し大きく、全長56センチほどになる。ハシボソガラスは50センチくらいだ。翼を広げるとどちらも1メートルほどある。だが、体重はハシブトでもせいぜい800グラム、ハシボソならば600グラムあるかどうかで、見た目よりもはるかに軽い。

ハシブトガラスはいわゆる、普通のカラスの声でカアカア鳴くが、ハシボソガラスはガー、ゴアーと

▲こう見えて掃除が得意

しゃがれた声で鳴く。ハシブトは森林か市街地、という奇妙な分布をする。大都市にも平気で住んでいる。ハシボソは田んぼや畑や河川敷が大好きだが、都市部にも住んでいる。ただし、あまりビルの建て込んだ場所は好きではないらしく、特に現在の東京都心にいるのはハシブトガラスだけである**(註2)**。

この2種の行動の違いをざっくり言えば、「飛び回っておいしい餌を見つけると降りて来るハシブトガラス」「とりあえず地面を歩いていれば何か餌が見つかるハシボソガラス」となる。ハシブトガラスは基本的に地面が嫌いで、あまり降りて来ない。京都市のように2種が共存している場所で比較すると、ハシブトガラスが地上で過ごしていたのは観察時間の5〜10パーセント。一方、ハシボソガラスでは40パーセントほどに達する。地面を見て「この落ち葉の下が怪しい」「この石の下に何かいるのでは」とこまめに探すのも、ハシボソガラスの特徴だ。

2種ともに樹上に営巣するが、ハシブトは常緑樹を好む傾向が強い。一般にハシボソの方が繁殖開始が早い。産卵開始はハシボソで早くて2月末、ハシブトで3月半ばといったところである（諸般の事情でもっと遅れることもある）。卵は4〜5個で、雌が抱卵

する。抱卵期間は20日ほどだ。この間、雌の食べる餌は雄が持って来る。雛が生まれてもしばらくは雌が抱雛しているが、次第に外に出る時間が長くなり、2週間ほどたつと雌も完全に餌運びに参加できるようになる。育雛《いくすう》期間は32日〜35日程度で、巣立ち雛は多くて4羽、平均すると2羽程度だ。産卵から巣立ちまで2ヶ月弱かかる計算になるので、ちょうどゴールデンウィークの頃から、カラスの雛が巣立ちを迎えることになる。

巣立った雛は枝の上で親に餌をもらい、次第に親の後にくっついて自力で餌を探すようになる。一応、飛べるようになるだけでも1週間くらいかかるし、独立するまでに早くても2〜3ヶ月。半年かかる例も珍しくないし、一度だけ、翌年の1月になってもまだ餌をもらっていた雛を見たこともある。古い研究によると翌年の繁殖が始まる頃まで居座った雛もいたという。

さて、カラスが人間を「攻撃する」のは、巣立ちの時期である。この時期の雛はロクに飛べないし、何が怖い相手かも全くわかっていない。そのため、親鳥は雛に近づく外敵に対して、非常に神経質になっている。そこに運悪く人間が通りかかり、例え雛に気づいていなくても立ち止まってメールでもチェックし始めた場合、カラスに「さっさと出て行け」と威嚇されることがある。音声で威嚇しても人間が気づかない場合、枝をたたく、小枝を折って投げ捨てる、人間の近くを飛ぶなどの段階を経て、「飛び超えざまに後ろから頭を蹴る」という攻撃に出ることもある。カラスの究極奥義、伝家の宝刀が、これだ(註3)。爪で引っかかれる以上の怪我をすることはまずないので、落ち着いてほしい。一番危険なのは、慌てて逃げようとして転んで骨折することである。帽子どころか週刊誌だって貫通できないし、傘があればその下の頭を狙うことなどできない。なんなら、バンザイしてやればカラスは両腕の間を飛び抜けることができず、当然ながら頭を蹴ることもできない。

また、カラスが攻撃して来るのは雛を守るためなので、繁殖しているペアでなければ、襲って来ることはない。ということは、群れている連中は怖くない。また、子供が巣だった直後の、右も左もわからない時期（せいぜい1週間かそこら）以外は、こんなに神経質ではない。仮に攻撃されたとしても、雛の周辺を離れることはないので、どこまでも追いかけて来たりはしない。そもそもカラスの縄張りは、町なかならせいぜい300メートル四方かそこらである。広くても500メートル四方くらいなものだろう。

親元を離れて独立した若いカラスは、集団に入って暮らすようになる。カラスの集団は若い個体の集まりなのだ。この中で顔見知りを増やし、喧嘩し、気ままにブラブラして、恋人なんぞも作りながら何年か暮らす。カラスが繁殖できるのは普通、早くても2年目か3年目と言われている。集団の中でペアを作っても、縄張りを確保するのが非常に難しい。なんとかして縄張りの空きを見つけたり、力づくで割り込んだりして縄張りを確保すると、繁殖個体の仲間入りだ。以後は縄張りを中心にして暮らし、よほどの事がなければペアを変えることもない。なお、カラスの寿命は野性でも20年という例があるし、飼育下ではハシボソガラスで40年、ワタリガラスでは60年という例もある。

秋から冬になるとカラスは集団ねぐらに集まる個体が増える。また、冬鳥としてミヤマガラス、コクマルガラス、ワタリガラスが日本に渡来する。

以上が、駆け足でまとめたカラスの基礎知識である。「もうちょっとカラスのこと知ってみようかな」という方は、『カラスの教科書』（雷鳥社）を先にお読みになるとよいだろう。ここに再掲すると、あと200ページくらいは必要になるからだ。いや、営業じゃありませんってば**（註4）**。

註1【ハシブトガラスとハシボソガラスの2種】 日本のハシブトガラスはさらに4亜種に分けられている。対馬のチョウセンハシブトガラス（*Corvus macrorhynchos mandsurhycus*）、奄美大島から宮古島周辺のリュウキュウハシブトガラス（*C.m.connectens*）、八重山諸島のオサハシブトガラス（*C.m.osai*）、北海道〜九州のハシブトガラス（*C.m.japonensis*）だ。最後の何もつかないハシブトガラスは亜種ハシブトガラスのことで、ハシブトガラスという種の中にハシブトガラスという亜種が含まれる、というややこしい情況にある。種や亜種についての詳細は本書の「歴史の時間」をご覧頂きたい。

註2【ハシブトガラスだけ】 以前は都心にもハシボソガラスがいたが、1970年代半ばを最後に記録されなくなっている。だが、つい最近、山手線内側で繁殖したという噂がある。都心でも芝生の多い公園はハシボソガラス向きの環境だが、ハシブトガラスで埋め尽くされているとハシボソは排除されてしまうだろう。

註3【攻撃する】 襲われたと言われる例は大概、威嚇である。時には威嚇でもなんでもない、単に近くから飛び立った例を攻撃と思い込むこともある。もっともカラスに威嚇されれば、実際に蹴られなくても相当怖い。私だってビビる。

註4【営業】 ここでは商品の販売を促進しようとする行為を指す。「『カラスの教科書』は全国の書店で発売中です！」と宣伝するなど。

食べるな危険

『カラスの教科書』の最初の頃の版ではエゴノキの実はそれなりに甘いがクセがあると書いてある（万が一、大量に食べる人がいたらまずいと思ったので途中で変えている）。はっきり書くが、エゴノキの実は食べない方がよい。この実はサポニンを含んでおり、食べた量によっては人体に有害な可能性があるからだ。ヤマガラはエゴノキの実をよく食べるが、有毒な果皮部分を避け、種子だけを食べている。カラスもエゴノキの実を食べていることがあるが、果皮をはいでいたのか、気にせず食っていたのかはよくわからない。

有毒と言えば、ヨウシュヤマゴボウの実もアルカロイドやサポニンを含むので、人間は食べてはいけない。こちらは様々な鳥が果肉ごと食べているが、毒性の強い種子を砕かずにそのまま排泄するので、一応は毒を避けていることになるのだろう。

ちなみにその辺の樹木で絶対に食べてはいけないのがシキミだ。赤くて食えそうな実が付くが（註1）、これは命に関わるほどの猛毒である（「しきみの実」は劇物指定を受けている)。だが、なぜか鳥は食べるし、シカもシキミの葉を食べていることがある。どうなっとるんだ君たち。

逆に、人間の食物の中で、鳥に食わせてはいけないのがチョコレートである。チョコレートに含まれるテオブロミンは鳥にとって毒になる(犬や猫もダメ)。『カラスの教科書』でチョコチップ入りのパンをカラスに取られてしまったエピソードを書いたが、危うく一家皆殺し事件にしてしまうところだった。その後も家族で見かけたから幸い無事だったようだ。まさか、私の買っていたパンは本物のチョコチップではなく、チョコ風味のチップが入っていた、ということか??

アルコールもダメ。動画投稿サイトにアップされ

ていた「餌より酒を欲しがるカラス」という傑作な映像を見た事があるが、本当はやってはいけない。

ちなみにこの映像はロシアからの投稿で（註2）、餌をねだりに来たズキンガラスにウォッカを飲ませると、餌そっちのけでウォッカを飲みたがり、最後は千鳥足になって上機嫌で歌い出してしまう。だが鳥は見た目より体重が軽いので、わずかなアルコールでも無茶苦茶に回るはずである。ズキンガラス（せいぜい500グラム程度だろう）がウォッカをわずか1ccでも飲めば、体重換算で人間ならば100〜200cc飲むのに相当する。ショットグラスで3杯から6杯以上だ。肝機能が低ければもっと酷い目に遭う。ていうか死ぬ。

ついでに辛味について。カラスは辛いのが苦手っ

▲断る勇気も必要だ

ぽい、と書いたが、鳥は辛いのが平気、という説もある。中米にはバード・チリという植物があって、実が非常に辛いのだが、確かに鳥は平気で食べて種子散布を行う。一方、カラスが唐辛子を嫌うという実験もあるし、私もそれらしい観察をした事がある（註3）。

ということで鳥の味覚はよーわからん、というのが実情（笑）。だって、トマトや柿の食べ頃を待って食べるくせに、口が曲がりそうに苦酸っぱいソメイヨシノの実も平気で食っているのである。それが食えるなら、なんでトマトが甘くなるまで待つ？　待っても甘くならないならさっさと食おう、という高度な判断なのか？「甘いのが好き」は間違いないのだが、実は嫌いなものなんてないんじゃないかという気さえしてくる。

ただし、昆虫の中には毒を持つことで鳥の捕食を回避しているものがある。南米にはそのものずばり「ドクチョウ」というグループがいる。他にもマダラチョウの仲間やジャコウアゲハが有名だが、幼虫の時に有毒な植物を食べ、その毒を体内に保存して防御に用いているのである。こういったチョウは赤／黒や黄／黒の非常に目立つ色を使って、「毒だから食うな」と大々的に宣伝している事が多い。このような「俺は危ないぞ」と宣伝する色を警告色と呼ぶ（註4）。

もし、警告色の意味を知らない鳥が、ジャコウアゲハのような毒蝶を捕まえたとしよう。蝶の翅《はね》は大きいので、鳥が翅をヒョイとくわえることがしばしばある。捕まえてから翅をちぎって飲み込もうとすることもある。この翅が、激マズなのである。実験映像を見ていると、翅の端っこをくわえた途端、鳥が「うわ、まっずー！」といった様子で吐き出し、嘴を止まり木にこすりつけているのがわかる。もちろん、蝶をそれ以上食べようとはしない。蝶の方は翅の一部をクサビ型に切り取られてしまうが、引き換えに命は助かる（実際、翅にビークマークと呼ばれる鳥の噛み跡が残った蝶はよくいるので、その程度なら生活に大きな支障はないのだろう）。さて、この時に鳥の頭の中では、「この目立つ模様のヤツ

＝食えない」という記憶が速やかに形成される。以後、その鳥は警告色を持った蝶を食べなくなるわけだ。

そうすると、鳥は「これは食えない」というほどマズい味を知っているわけである。未熟な果実の渋味みや苦味も「種子が熟していないからまだ持って行くな」という化学的防御なので、これも食わないのだろう（註5）。鳥の味覚は「未熟果実や有毒な昆虫を食べない程度の選択性はあるが、あまり口うるさい事は言わない」レベルにチューニングされているのであろう。事あるごとに「店主を呼べい！」などと激高するめんどくさい鳥は3日ともたずに餓死するので、当然ではある。

いかにも毒っぽい生物に、いわゆる毛虫がある。毛虫の中には毒ではないものも多いが、毒じゃなくても物理的に毛が刺さって痛ければ十分な防御になる。私にも経験があるが、毛が刺さったまま残ってしまい、何かに触れると刺激されてチクチクと痛い。当然、鳥がこういう幼虫を食べようものなら、口の中に毛が突き刺さってひどい目にあうはずだ。

だが、カラスやムクドリは大型の毛虫を食べる。夏の終わり、サクラの下に大量の毛虫が蠢いていることがある。これはモンクロシャチホコの幼虫で、土に潜って蛹になる。この時期、ほんの数日だけだが、カラス達の毛虫祭りが始まる。ハシブトガラスは樹上や地上の幼虫を食べるだけだが、ハシボソガラスはその後も土を掘って蛹化《ようか》前の幼虫を探し当てていることがある。恐らく、地中に潜った跡がハシボソガラスの注意深い目には探知できるのだろう（註6）。

モンクロシャチホコは黒い体に黄緑色の長い毛があり、腹側には赤い点もあったりして、いかにも触ると痛そうな外見である（註7）。カラスはこれを見つけると嘴の先でそっと頭をくわえ、そのまま枝か地面に擦り付ける。こうやって毛を落としてから食べるのである。毛を落としても触るのは嫌なのか、よく見ると爪の先で踏んでいて、足指の柔らかい部分は触れないようにしている。実にこう、「恐る恐る」という感じである。食べる時もパクッと食べるのではなく、皮に触らないように、嘴の先を使って中身だけつまみ出して食べている。

どうやらこの技は練習して覚えるらしく、若いカラスはハンドリングが下手くそで、つついては「触るのヤだ」と足を引っ込めているうちに枝から落としてしまう。巧妙なところでは、地面に落ちた枝の下に毛虫を入れてから、枝を踏んで押さえて食べるハシブトガラスも見た事がある。もっとも食べているうちにその気になったのか、最後は残った部分もペロリと飲み込んでしまっていた。触るのも嫌なものを丸呑みするのか、あんたは……。

なお、この「擦って毛を落とす」という技はムクドリも行うので、カラスの専売特許ではない。

明らかに毒のあるモノを食べる例として、カラスによるヒキガエルの捕食がある。ヒキガエルの皮膚には分泌腺があって、乳白色の粘液を出す。これにはブフォトキシンという毒が含まれ、目などの粘膜

につくと大変痛い（らしい）。「ガマの油」と言われるのがこれだ。ちなみにブフォとはヒキガエルの学名なので、ブフォトキシンとは文字通り「ヒキガエル毒」という意味になる。

さて、ヒキガエルの毒は当然、捕食回避のためである。確かにヒキガエルを好き好んで食べる生物はほとんどいない（註8）。その中で、明らかに狙って食っているらしい動物の一つが、カラスである。カラスの胃内容物やペリット（骨などの不消化物を固めて吐き出したもの）から、ヒキガエルの骨がしばしば見つかっている。

それでは、カラスはヒキガエルをどうやって食っているのだろうと思っていたのだが、ハシボソガラスを保護している方がつぶさに観察して教えてくださった。カラスはヒキガエルを裏返しにして、腹側からつついて食べているとのこと。ブフォトキシンの分泌腺は主に背中にあるので、腹側はそれほど有毒ではない。さらに、皮に穴を開けて嘴を突っ込んで食べて行き、最後は皮だけ残してしまうという。どうやら、巧妙に有毒な部分を避けながら食べている、というのが真相のようだ。食べ終わるとぴらぴらの皮だけになったヒキガエルが残る。シュールというかホラーである。

ところで、味覚の歴史について。鳥の先祖は小型の肉食恐竜だったはずで、食っていたのは小動物だろう。だとすると、「タンパク質の味」（正確にはタンパク質が分解されてできるアミノ酸の味、要するに「旨味」）を検出する必要はあるが、必ずしも糖分を検出する必要はない。だから、鳥はその祖先の段階で甘味受容体を持っていなかった可能性が高い。実際に草食や種子食の鳥には甘味受容体がないものがある。ペンギンに至っては旨味すら検出できないらしく、そうなると塩味と苦味しか残らない**（註9）**。

とはいえ、鳥の中には花蜜を主食とするものもある。蜜を舐めるのに甘味がわからないのは致命的だ。食事が楽しくないだけでなく、「なるべく栄養の多い、甘い蜜を優先的に食べる」という生存に必要な選択ができなくなる。苦味や渋味は「毒だから食うな」という警告だったが、甘さのような抗いがたい魅力をもった味は、「貴重な栄養源だから食え」という意味である。ハチドリでは旨味受容体が変化して、二次的に甘味受容体になっている。つまり、「甘い」という味覚を独自に発達させたわけだ。

鳥類には果実食のものも多いので、カラスも含め、彼らも何らかの形で甘味を知覚している可能性が極めて高い。そうでなければ果実が糖分を溜め込んでも無駄になってしまう。花の咲く植物が進化したのは主に昆虫との共進化の結果だが、甘くて色鮮やかな果実は鳥類や霊長類との共進化の結果だと言われている。もっとも、果実は鳥への報酬として糖分だけでなくタンパク質も蓄積することがあり、こちらは「旨味ならわかる」という味覚に訴えかけるものかもしれない。だとすると、こちらの方が原始的というか祖先的な報酬という事になるのだろうか。

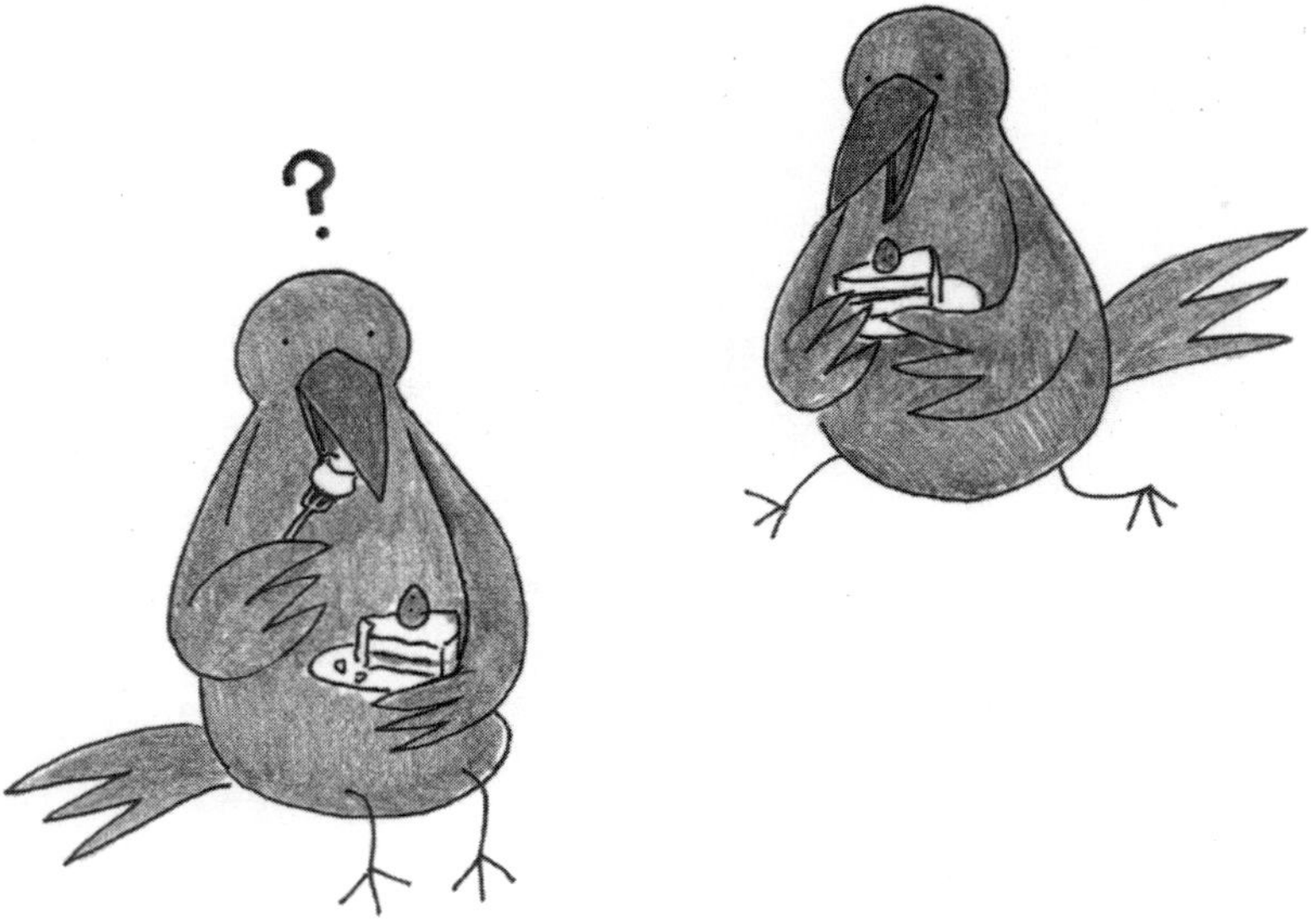

註1【シキミ】 シキミの実は中華料理の香りづけに使う八角（スターアニス）に似ている。八角はシキミに近縁なトウシキミの実で、こちらは無毒。シキミは果実だけでなく植物体全部が有毒と思った方が良い。庭木で相当に有毒なものとしてはキョウチクトウやスイセンもある。キョウチクトウは枝をバーベキューの串に使って死亡した例さえある。

ちなみに大学の後輩の某女史は山の中で調査中、そうと知らずにシキミを食いそうになったらしい。この調査後は皆でお互いのTシャツに寄せ書きする習わしだったが、後輩のTシャツには「シキミ食うな」と書かれていたのを覚えている。

註2【酒を欲しがるカラス】 ロシアのカラス動画は妙にレベルが高い。他に有名なものとしては「フリスビーで雪の上を滑るカラス」というのがある。フリスビーではなく何か缶の蓋のようだが、雪の積もった屋根の上をそれに乗って滑っている、というもの。ただ、何かを食べようとして、蓋をつついているうちに滑ってしまって慌てているようにも見える。

註3【鳥は辛いのが平気】 ちょっと考えなくてはいけないのが、「鳥には歯がないので全て丸呑み」という事だ。鷹の爪のへたを切り取って振ると、種と、種がくっついている部分（胎座）が出て来る。この胎座が一番辛い。果皮にも辛みは一応あるが、噛まずに丸呑みしてしまえばあまり辛くない。唐辛子は恐らく、丸呑みしてくれる鳥に対して分厚い果皮部分を報酬とすると共に「ほら真っ赤な実だよ」と宣伝して種子散布させる一方、哺乳類に対してはカプサイシ

ンを溜め込むことで「種が壊れるから噛むんじゃねえ！」と威嚇している。

ということで、唐辛子を丸呑みする場合は辛さをあまり感じない可能性がある。いずれにしてもカラスの辛み耐性は個体差が大きいようで、まるっきり平気な個体もいれば、きんぴらごぼうを食べただけでジャブジャブと嘴を洗っていた個体もいる。

なお、「果皮の部分は丸呑みすれば大丈夫」というのは常識的な辛さのものに限る。激辛トウガラシといえばハバネロやブート・ジョロキアが有名だが、激辛マニアの世界はこんなものでは済まない。トウガラシの辛さの指標であるスコヴィル値（トウガラシの辛さを表す単位）で言うと、一般的なタバスコ・ソースで2500～5000、普通の鷹の爪でも数万スコヴィルだ。これに対してハバネロが10万～35万スコヴィル、ブート・ジョロキアが100万スコヴィル、トリニダード・スコーピオンでは最大146万スコヴィル。2015年7月の時点で世界最強のキャロライナ・リーパーは300万スコヴィルに達するという。辛ァァァァイ！　説明不要！　トリニダード・スコーピオンでさえ素手で触ると手が腫れ、調理するにはゴーグルと防護服がいるという噂もある。それ、普通は「食えない」って言わないか。

註4【警告色】　では、毒を持っていないのに警告色だけを身につけて「オラオラ毒だぞー食うなよー（ウソだけど）」と宣伝するヤツが現れたらどうなるだろう。実際、有毒な種に擬態する生物は数多い。

この場合、警告色の効果が下がる。例えば毒がないのに赤／黒模様を持ったチョウが増えて来たとしよう。そうすると、食べても別にマズくはないので、「赤／黒はマズい」と学習しなかった鳥も増える。すると赤／黒の模様で「俺は毒たぞコラ」とハッタリをかましても、気にせず頂かれてしまうという場合も増えるのである。すなわち警告色の有効性は頻度依存になっており、ニセモノがのさばると警告色が意味を失い始める。そうすると真似する意味もなくなって来るので、「毒がないのに真似る奴」はそこそこの割合に達した所で増加が止まる。生物の進化には、このような「正直な信号」「フリーライダー（ズルして只乗りする奴）の排除や平衡状態」といった問題がしばしば登場する。

註5【化学的防御】 植物は種子を運んでもらう報酬として、甘い果肉を鳥に提供している。「熟していない」とは、甘味が十分に溜まっていない上、渋味や苦味を感じさせる物質が含まれている状態をさす。種子が完成して準備が整うまでは鳥に食われないよう、わざと不味くしているわけだ。基本的に、酸っぱい・苦い・エグい・臭いなどの感覚は、生物に「化学的に危険だから食うな」と教える意味合いが強い。防御のための毒を持った生物の方も、そういった感覚を利用して「毒だぞ、わかってるな？」と教えようとする。目的は捕食者を殺すことではなく、自分を食わせないことだからだ。

ただし、キノコには役に立たなさそうな毒を持ったものもある。キノコと一緒に酒を飲むとアルコールが分解されずに苦しむとか、旨味成分自体が毒とか、食べたのも忘れた頃に激痛で転げ回るとか、意味のわからない症状のものがあるからだ。恐らく、たまたま我々にとって有毒なだけで、キノコは人間を相手にしていないのだろう。

註6【地中に潜った跡】 ハシボソガラスは土を掘って羽化直前のセミの幼虫を捕食することもある。まるで超能力だが、掘っている深さはせいぜい嘴の長さほどで、幼虫が普段暮らしている深さではない。セミが羽化しようとして地上に顔を出したのにまだ日中だった場合、幼虫はそのまま土の中に戻って夜を待つので、そういった「出待ち」の幼虫を捕食していると思われる。セミが落ち葉や土を押し上げた跡を見ているのだろう。

註7【いかにも触ると痛そう】 実際には毒はなく、人間が触っても無害である。サクラを食べて香り成分を溜め込むことで対捕食者防御に使っているという。そのため、人間が食べると桜の香りがしてうまいとか。

註8【ヒキガエルを好き好んで食べる生物】 他にヒキガエルを食べる動物としてヤマカガシ(ヘビ)がある。ヤマカガシは首筋の皮膚下に頸腺《けいせん》という毒腺を持っているが、この毒はヒキガエル由来のブフォトキシンである。頸腺はどこにも繋がっておらず、毒の出口がない不思議な器官だ。ヤマカガシは捕食者に追い詰められると、わざと首をさらして「ここを攻撃してみろ!」と挑発する。皮膚を突き破られると毒が飛び出して目つぶしを喰らわせるわけだ。失敗したら首をやられて致命傷とは、かわいい顔の割に大胆なヤツ。奥歯にも毒があるが、そっちは捕食のためで成分も別だ。

註9【ペンギンに至っては旨味すら検出できな

い】　2015年にミシガン大他の研究グループがカレント・バイオロジー誌に発表。極低温のために味覚受容体がうまく働かないので退化したのではないか、との考察がなされている。どうせ丸呑みだから大した味もしないだろうしねえ……。

カラスはどうして黒いのかなあ？

「そうだ大佐、助け……」

「あれはウソだ」

というのはアーノルド・シュワルツェネッガーが暴れ回る筋肉モリモリ映画『コマンドー』の名台詞（註1）。そして「カラスはどうして黒いのかなあ？」「全然わかりません」は『カラスの教科書』のQ&A。だが、この「全然わかりません」という回答は、「あれはウソだ」とまでは言わないが、まるっきり本当というわけでもない事を白状する。いくつか説を聞いた事はあるからだ。なに、あるなら書けと？　では説明しましょう。

まず、「白や黒などはっきりした目立つ色は集団を作るのに役立つ」という説。日本で集団を作るというとサギ類にカワウを思いつくが、確かにサギは白いものが多い。カワウは真っ黒だ。カラスも多くの場合、多少なりとも集団を作る。

だが、やや疑問に思うのは「集団になる鳥が全部、白や黒ではない」ということと、「白や黒だからって集団とも限らない」ということだ。スズメやムクドリは集団を作るが、色合いは褐色や灰色だ。オウチュウのように黒くて単独という鳥もいる。ワシの仲間も黒っぽいものがいるが、普通、集団にはならない。それに、目立つためだけならカラスが真っ白でも真っ赤でも真っ青でも良いではないか。

しかしまあ、真っ赤や真っ青という鳥はそうそう多くはない。中には青ペンキに落ちたのか思うくらい真っ青な鳥もいるが、だいたいは雄だけだ。雌雄とも真っ青にならないのは、やはり目立つと捕食されるからだろう（雄が派手なのは寿命を縮めてもモテればいい、という戦略だが、両性ともこれをやると抱卵や子育てが必要以上に命がけになる）。じゃあ、カラスは目立ってもいいの？　それに、目立ちたいならなんで黒なんて微妙な色？　いっそ真っ赤にすればすっきりするのに。真っ赤っかなカラスなどただのカカシですなぁ、猛禽なら瞬きする間に皆殺しにできる……とか？

ということで、なんとなく、モヤッとするのである。

逆に、目立つことで警告色として機能している、という意見もある。派手な奴や、目立って白黒な奴は不味いのではないかというわけだ。白い例だと、確かにサギは非常に不味いという話を聞いた事がある。経験的にも、魚食性の鳥はだいたい魚臭く、うまいとは思えない。鳥でサギの他に白い奴らというとカモメ、アジサシ、ネッタイチョウ……わあ、見事に魚食いばっかり。だが魚食性が白いとは限らない。白くない魚食いというとカワウにウミウにヒメウ、ウミツバメ、グンカンドリ……ああ、今度は黒い上に油臭そうなのばっかりだ（註2）。白黒はやっぱり不味いのか？

だが、サギの色には他の意味もある。例えば、海岸に多いクロサギという鳥には白色型と黒色型がある。白いのにクロサギなんて詐欺ですぜ！　面白いことに高緯度地域では黒色型が多く、熱帯では白色型が多いとされている。これは恐らく水中からの見えにくさに関係があり、岩場では黒色型が、サンゴ礁の浜辺では白色型が、魚に警戒されないのだろうと言われている。とはいえ、「じゃあコサギやダイサギの立っている場所は背景が真っ白なのかよ」と言われると、「そんなこともないですねえ」と言わざるを得ない。

カモメの羽色は下面が真っ白、背面がグレーというものが多い。これは水中から見上げた時には白色が明るい空に溶け込み、上空から見下ろすと灰色が海面に溶け込む色合い（註3）である。ウミツバメが上下面とも黒っぽいのはなぜかよくわからないが、ある程度小さければ色彩をあまり気にしなくてもいいとか？　待て、グンカンドリも真っ黒けだが、あれは巨大な鳥だった。でも他の鳥から餌を分捕るようだから、自分で獲物を採ることは気にしないとか……いや、実際にはグンカンドリも自力で餌を採る。むしろ雌や若鳥は白い部分があることを考えると、「雄はモテるために真っ黒な羽で頑張っている」と考えるべきかもしれず……。

こう考えると、サギやグンカンドリの真っ白、真っ黒にもそれぞれ理由や事情がありそうで、かといってピッタリ説明できるわけでもなく、なにやらモヤモヤッとした話になる。第一、実際に食べた経験から言わせてもらうと、カラスがそんなに不味い鳥だとは思わないのだ。これは「白黒は不味い」説への重大な反証である。ということで、この仮説も頷ける部分はあるのだが、少なくともカラスが黒い理由としては、あまり積極的には支持していない。ついでに言えば、森の中で見る黒いカラスは案外、目立たない。空を背景に見上げれば葉っぱや枝が黒べタに見えるし、強い光の下では葉影がくっきりと落ちる。濃い緑をバックにした黒いカラスも非常に見つけづらい。黒だから目立つとも言えないのである。

そして、「黒い羽は強い」というアイディア。カラスの羽色が黒いのはメラニンを含む顆粒を持つからだ。メラニン顆粒が多いと羽毛は構造的に強くなるという研究がある。よってカラスの羽は強いことが予想される。

ただし、カラスが強い羽を持たなくてはいけない理由は、特に思いつかない。そりゃ弱いよりは強い方がいいだろうから、「黒くても構わないなら黒にしよう」とは言えるかもしれない。もっとも、それを言うなら、おおよそ全ての鳥が強くなりたいのではないのか。なぜカラスだけが、他の条件を無視して黒くなれるのか。よって、この説もカラスが揃って黒い理由や、他の鳥が真っ黒にならない理由を、うまく説明できているとは思えない。

◀闇夜の正義の味方も黒くて強いもんね

◀森で暮らすロハス派

あと、最近になって知られて来た黒色のメリットをあげておこう。暑苦しそうに見える黒い羽は、実際は涼しい可能性がある。確かに黒は赤外線を吸収して温度が上がるのだが、吸収しているということは、羽毛の表面より奥には光線が届いていないということだ。羽毛は極めて断熱性が高いため、表面温度が上がったとしてもその熱は内側には伝わりにくい。一方、白い羽毛は光線を透過させてしまい、内部の温度も上がる。よって、白い方がかえって暑いということもあるのだ。カラスは暑いのが苦手という話も聞いた事があるので、真っ黒な羽で断熱を狙っているという考えも、ないことはない。……とはいえ、寒い地域にいるカラスの色が薄いとか、暑い地域のカラスは色が濃いということも、別にないように見える。強いて言えば八重山諸島のオサハシブトガラスや、カレドニアガラスは光沢が強いかな、と思ったことがある程度だ。アフリカのサバンナにも住むムナジロガラスは白黒模様だし、熱帯であるニューギニアの森林に暮らすハゲガオガラスの幼鳥は著しく色が薄い（ほぼ褐色）。よって、黒いことによる利点はあるのかもしれないが、「カラスはそのために黒くなりました」とは、今のところ言えないだろう。

最後に、色をつける色素について。カラスが黒いのはメラニンの色である。褐色もしばしばメラニン系の色素の色で**(註4)**、材料としては同じものであり、色を作り出すメカニズムも概ね共通していると考えられる。一方、赤や黄色のもとの一つはカロテノイド系色素だが、脊椎動物はこれを作ることができないため、餌から取り込む（フェノメラニン系の色素や、血液の色で赤く見える場合は自前）。いずれにしても、色素を作り出すには材料が必要だし、生産コストもかかる。よって、必要がないならシンプルな色にしておく方が楽チンだろう。これは洞窟や深海など暗闇に住む生物がしばしば色を失い、白くなる事を考えればわかる。どうせ見えないのだから何色をしていようが勝手なのだが、だからこそ着色を省いて、より安上がりにしたわけだ。逆に、わざわざ全身に色をつけているならば、何か理由があるはずなのだが……。

というわけで、「カラスが黒い理由」については仮説やアイディアはあるのだけれど、どれも決め手を欠いており、すっきりした説明は今もって存在しない。これが「カラスはどうして黒いのかなあ？」に対する、手抜きなしの回答である。オーケー？

▲あっっつ……！

註1【コマンドー】 1985年、アメリカ映画。言わずと知れた名作。名言、というか名訳の宝庫としても有名（「カカシですなぁ」「オーケー？」など）。なお、文中のセリフは東北新社版（CV／玄田哲章）を参照している。

註2【黒い上に油臭そう】 カワウは確かに臭い。大学院生の時、ある先輩がカワウの冷凍標本を解剖しようとして、実験室のシンクに並べて流水解凍しておられた。ところが溶けるまで放置している間に水栓が故障し、水が全開状態で止まらなくなってしまった。おまけにシンクの中を漂ったカワウが排水口を塞いでいる。やがてシンクから溢れだすカワウ水。実験室は水浸しになり、廊下まで浸水。まずいことに休日の深夜であったため誰にも助けてもらえず、先輩は通報、水栓の閉鎖、周囲の被害確認と謝罪、実験室の掃除と、泣きそうになりながら孤軍奮闘したらしい。なにより辛かったのは、カワウ水がとにかく臭かったことだという。

同じく魚食性のコサギも、解剖するとムワッと魚臭さを感じた。ペンギンもひどく油臭い上に魚臭いようで、欧米の南極探検隊が「不味くて食えない」と書いていたりする（面白いことに日本の白瀬探検隊はむしろペンギンを食べており、アザラシは獣臭くて食えないと書いている。食習慣の違いのせいだろうか？）。ウミツバメを解剖したことはないが、彼らは羽毛が妙に油臭い。剥製にしてもその臭いは残っており、梱包した箱を開封した瞬間にわかるくらいだ。

註3【海面に溶け込む色合い】 海は青い、という気がするが、洋上迷彩は青ではない例も多い。現代の米海軍機は影のような灰色だ。海の色は

光線状態によって変化するので、グレーの方がどんな天候でも目立たないのである。零戦は上面を濃緑色に塗った例があるが、駐機中に発見されにくいだけでなく、熱帯の洋上でも目立たない色だったという。なお、背側が濃く、腹側が薄い配色をカウンターシェーディングと呼ぶ。上や下から見た時だけでなく、横から見た時は影になる腹側が暗く見え、背中側はハイライトで明るくなり、結局は全体が一様な明るさになってシルエットが見えないという効果もある。深海魚にはカウンターイルミネーションと言って、腹側をボンヤリと光らせて海面の明るさに合わせ、下から見上げられた時のシルエットを消すものもある。深海魚の中には夜間、比較的浅いところまで浮上するものもあるからだ。

註4【色素の色】 では、青色は？　実は、鳥の羽毛には青い色素がない。オオルリやルリビタキの鮮やかな青色は構造色だ（註5）。ただし、卵の青色は色素による。

　色素と構造色を組み合わせた発色を用いている鳥も多い。なおフラミンゴの赤色は餌由来のカロテノイドで、色素を含まない人工餌料だけで飼育すると色が抜ける。

註5【構造色】 色素によらず、微細構造によって光を散乱・干渉させる発色。ＤＶＤの裏面が虹色に光るのがこれ。カラスの「濡れ羽色」も、色素による黒色の上に構造色が加わってできている。

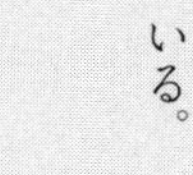

一時間目
歴史の時間

生物は長い時間をかけて進化して来た。その筋道を考えるのが系統学だ。カラスの親戚たちや、カラス属の中での類縁関係はなかなか複雑だが、人間が彼らをどう分類したかも含め、進化的なつながりを振り返ってみよう。

カラスの系統学

ヒトはサル目ヒト科。キツネはネコ目イヌ科（註1）。これくらいなら見た目でも判断できるが、じゃあカラスは何の仲間だろう？　カラスはスズメ目カラス科だが、スズメ目は鳥類の半分以上を占める大きなグループだ。前著では、カラスはスズメ目の中でもフウチョウに近縁と書いた。これは間違いではないが、厳密に言うと、フウチョウだけがカラスに近縁なわけではない。では他にどういう鳥が近縁だろうか？

その前に、鳥類の分類学の現状を少し書いておこう。鳥というのは形態から系統を類推しにくい部分がある。一つには「空を飛ぶ」という強力な制約があって、あまり突拍子もない形にはなれないせいだ。その中でも「首が長い」とか「水に浮く」といった形態的な特徴はあるのだが、こういった類似が系統関係を示すとは限らない。全く別の先祖を持っていても、似たような生活史を持っているために、形態まで似てしまう場合も多いからである。先祖がどうあれ、岸辺に立ったまま魚を取ろうと思えば脚や首が長い方が便利だろうし、泳ぐためには水の抵抗を減らす形にならざるを得ない。こういった例を収斂《しゅうれん》進化という（註2）。だから、系統とは関係ない見た目の類似にしばしば騙されるのである。

系統を直接比較するツールとして非常に強力なのは、遺伝子の類似性だ。親子鑑定みたいなものだと思ってほしい。近年になって遺伝子解析が安価に高速で行われるようになり、遺伝情報に関するデータが集まったおかげで、我々はやっと、「遺伝子を用いて鳥全体の系統樹を構築する」という作業ができるようになった。……と書くと、「え？今からなの？」と思われるかもしれない。確かに「ヒトとチンパンジーの遺伝子が98パーセント同じ」といった研究は20年以上も前からある。だが、あれは「ヒトとチンパンジー」という誰もが気になる組み合わせだから真っ先に研究が進んだのだ。

「遺伝子がこれくらい違う」とか「こういう順序で分岐したのだろう」と人力で比較するのは絶望的に大変なので、コンピュータを駆使して計算させる。この解析手法やプログラムも日々、新たなものが開発されているし、マシンの性能も飛躍的に向上した。というわけで、人類の威信を賭けた一大プロジェクトにしなくても普通に研究できるよう

になったのは、わりと最近のことである。

さて、こういった研究を用いると、いろいろと常識を覆すような結果が得られている。例えば、ハヤブサはワシ・タカよりも、インコ・オウムに近い鳥だとわかった。言われてみれば、ハヤブサの嘴はオウムにも似ている。だが、まさか「オハヨー」などと可愛らしく喋っては果物をねだるオウムと、急降下からの飛び蹴り（実際はすれ違いざまの辻斬りという方が近い）で小鳥を狩るハヤブサが近縁だとは誰も思わないではないか。

フラミンゴは研究結果が更新されるたびに分類が変化していたのだが、最近の研究では何と、カイツブリに近縁という驚くべき結果が出た。次に近いのはハトだ。カイツブリとハトとフラミンゴなんて全

然似ていない。これらの鳥は共通祖先から分かれた後、長い独自の進化を歩みすぎて、お互いに全く違う形に変化してしまったのだろう。

このように長々と書いたのは、「鳥の類縁関係を研究するのって大変な上に、わからない事が多いんですよ〜」と泣き言を言うためである。明日にでも新たな論文が出て、ここに書いたことがひっくり返されるかもしれない。それを承知でお読み頂きたい。

ＩＯＣ（国際鳥学会議）の分類に従うと、カラスに比較的近縁な鳥のうち、「狭義のカラス上科」としてカラス科に特に近縁なものがいくつか挙げられている。上科というのは、いくつかの科をまとめた分類単位だ（上科はまだしも古くからあるが、分岐分類が盛んになってから分類単位がむちゃくちゃ増えた）。カラス以外にはモズ科、オウチュウ科、オウギビタキ科、カササギヒタキ科、オオツチスドリ科、フウチョウ科が含まれる。さあ、馴染みのない鳥になってしまったのではないだろうか？　だが心配いらない。私も馴染みがない。

この中でモズ科はアフリカから北米まで広く分布する、我々にも馴染みのある鳥だ。

秋になるとキーキーと高鳴きを響かせ、獲物をハヤニエにする、あのモズである。うーむ、カラスに似ているとは到底思えない。だが、系統的には近いという結果なのだ。

オウチュウ科はメラネシアから東南アジア、アフリカに分布し、ヨーロッパにも姿を見せることがある。日本にはいないが、西表島などで記録されたことはあり、台湾に行けば普通に見られる。二叉の長い尾が特徴的で、ヒラヒラと器用に飛びながら昆虫を捕らえる。オウチュウ科の一部の種は真っ黒なところがカラス的ではあるが、黒くない種もあるし、形も生活も別にカラスっぽくはない。

オウギビタキ科は東南アジアからオセアニアに分布するグループだが、分類上の位置がよくわからなかった鳥だ。見た目は……なんとも言いがたい。オウギと付くのは長い尾を開くと扇形になるからだが、全体の形はムシクイやヒヨドリのようでもある。

カササギヒタキ科はアジアからオーストラリアまで分布する、ヒヨドリのような、ヒタキのような、種によってはカケスか何かにも見えなくはない、という鳥のグループ。代表種のカササギヒタキは確かにヒタキっぽい体つきに、カササギっぽい白黒である。日本で馴染みのある鳥としては、サンコウチョウがカササギヒタキ科だ。サンコウチョウは尾が長く、「月日星ホイホイホイ♪」と聞きなされる美声でさえずる（月・日・星で三つの光、よって三光鳥である）。あの広葉樹林のアイドル、見たら嬉しい鳥のかなり上位に来るであろうサンコウチョウも、カラスと近縁という事になる。

オオツチスドリ科はオーストラリアに分布し、オオツチスドリとハイイロツチスドリの2種しかない（しかもそれぞれ1属1種）。もとはツチスドリという鳥がいてツチスドリ科と呼ばれていたのだが、ツチスドリ本人を含む何種かがカササギヒタキ科に分類変えになってしまったので、残ったオオツチスドリを科名に使っているようだ。オオツチスドリは真っ黒で形もかなりカラスっぽい鳥だ。ハイイロツチスドリは灰色の体に褐色の翼だが、形はややカラスっぽい。

そしてフウチョウ科（いわゆる極楽鳥の仲間）はニューギニア、オーストラリアの森に住む鳥だ。派手な、というか摩訶不思議な飾り羽を広げて踊りながら雌を誘う、奇妙奇天烈な鳥である。

これに我らがカラス科を加えた7科がカラス上科を形成する。これらの鳥類はお互いに近縁だとは考えられているのだが、分岐した順序が今ひとつはっきりしない。ということで、例えば「カラスに一番近縁なのはオオツチスドリです」と言っても良かったのだが、それでは何のことやらわからない。ツチスドリって何やねん？　でおしまいだ。ではモズだったら？　今度は「モズは……カラスの仲間だったんだよ！」と、いささか見当違いな話題を提供してしまいそうだ。別に私は隠されたモズの秘密を暴きたいわけではない。フウチョウを選んだのは、比較的名前が知られている割に身近ではなく、しかもカラスに似てなくてびっくりしそうだ、という物語的な事情もあったのだ。お察し頂きたい。

なお、カラス類が他のスズメ目から分岐したのはオセアニアだと言われている。その大きな理由は、フウチョウ科やオオツチスドリ科など、オーストラ

▲君の名は……

リアやニューギニア周辺にしか見られない鳥が近縁種にあるからだ。

分子生物学を用いた分類は、カラス属の中での分岐順序の研究にも応用されている。これによると、カラスの中でかなり特殊な位置にいるのがコクマルガラスとミヤマガラスである。特にコクマルガラスは他のカラス類からごく初期に分岐しており、人によっては他のカラス（***Corvus*** 属）とは別属としている（***Coloeus*** 属）。ミヤマガラスも古い時期に分岐したようで、他のカラスとはちょっと離れている。日本で同所的に生息しているハシブトガラスとハシボソガラスは、カラス属の中では特に近縁ではない。別々に進化して分布を広げた結果、たまたま極東地域で2種が出会ったと見るべきだ。ハシブトガラスに最も近縁なのは、恐らく、ずっと小さくて白黒模様のイエガラスである。採餌生態や社会的な行動に似た部分のあるワタリガラスとハシブトガラスも、別に近縁ではない（ということは、広範囲に飛び回るスカベンジャーという生活形はカラス属の中で何度も進化したのだろう）。ワタリガラスとハシボソガラスの方が、まだしも近縁なようだ。この2種はよく見るとディスプレイに似た部分があり、バーンド・ハインリッチの記した「でかパン（baggy pants）」や「ボサボサ頭（bushy head）」といったワタリガラスのディスプレイはハシボソガラスにも見られる。つまり、見た目や行動の類似は、カラス属という小さなグループの中ですら、進化の系統を反映していることも、していないこともあるのだ。

さらに亜種の分類も変わって来ることがある。亜種というのは種の下位分類だ（日本語の中の関西弁、博多弁、東北弁といったものと言えばいいだろうか？）。普通は種まで区別すれば十分だが、実際の分類では亜種レベルまで分けられている事が多い。例えばハシボソガラスの学名は ***Corvus corone*** だが、厳密に言えば西ヨーロッパ産の亜種は ***Corvus corone***

▲でかパン

▲ボサボサ頭

corone だ。ヨーロッパの一部からユーラシア中央部の亜種は *C. c. cornix* で、アジアの亜種は *C. c. orientalis* となる（註3）。なお *C.c.* は *Corvus corone* の略。何度も書くと長ったらしいので、既出のものは頭文字で表すことがある。ただし、最初に一度はフルネームで書かなくてはいけない。

さて、分布の中央にいる *C. c. cornix* は明らかに色が違うので亜種扱いになっており、ズキンガラスと呼ばれている。西と東の個体群が *C. c. cornix* を飛び越えて交雑しているとは思えないので、この二つの個体群もそれぞれ別亜種ということになっている。別種とされていない（ズキンガラスを別種とする意見はあるが）のは、*C. c. cornix* と *C. c. corone* あるいは *C.c.orientalis* が、自然状態でも交雑するからだ。エルンスト・マイアの提唱した生物学的種概念を適応するならば、自然状態で交雑する個体群は別種とは見なされず、分けるとしても亜種レベルとなる。交雑できる場合、個体群間で遺伝子を共有してしまうので、独自の進化を遂げる可能性が低いからだ。

とはいえ、自然状態で完全に自由に交雑し、見た目も全く変わらないなら亜種を分ける理由もない（註4）。ということで、普通は「なんか違うんだけど、別種ってほどじゃないし、一緒にすると繁殖はできるんだよなあ」といった個体群同士を亜種として扱っている。基本的には、何らかの地理的な分断などがあって分岐しつつあるが、別種と呼ぶほどには変わっていない状態と考えてよいだろう（註5）。

ハシブトガラスは多くの亜種に分けられているが、フィリピン産の亜種 ***Corvus macrorhynchos philippinus*** の位置づけがおかしな事になった例がある。これによると、マレーシアのハシブトガラスと比較した場合、同じくフィリピンにいるスンダガラスの方が、フィリピンのハシブトガラスよりも近縁という結果が出た。スンダガラスはどう見てもハシブトガラスではなさそうなので、独立した別種となっている。となると、別種扱いのスンダガラスより縁遠いフィリピンの個体群を「ハシブトガラス」にするのはまずい（註6）。この研究に従うならば、フィリピンのハシブトガラスとされていたものは、実は別種ということになる。これが独立した新種なのか、ハシブトガラス以外のカラスの亜種という扱いになるかはまた別の議論だ。

さて、フウチョウとカラスが共通祖先を持つと考えると、このグループは元々は森林性の鳥であったと考えられる。デレク・グッドウィンは『Crows of the World』の中で、「カラス属は進化の過程で地上性を獲得し、多かれ少なかれ地上での採餌行動を取るようになった」と推論している。ちなみに『Crows of the World』はカラス科だけを扱った図鑑で、『Crows and Jays』と並ぶ世界的カラス図鑑である（**註7**）。

ただ、「進化の過程で」と言ってもカラスの仲間がいつからいたのかは、よくわかっていない。新生代初期には現生の鳥の大まかな分類群は出そろっていたようなので、カラスを含むスズメ目もこの時代には分岐していただろう。カラス科がスズメ目の中でも分岐が古いとするならば、新生代の早い時期にはカラス科が生じていた可能性がある。もっとも鳥類は新生代になってほぼ同時多発的に急速な種分化を遂げた可能性があり、「どっちが古い」と言ってもドングリの背比べになってしまう恐れもある。

２０１４年１２月のサイエンス誌の論文によると、鳥は恐竜類の絶滅後、急速に進化したと強く示唆されている。恐竜の絶滅は約６５００万年前なので、この研究からすると、鳥類が爆発的に放散したのはその直後ということだ。もっとも、カラス科という限定されたグループがいつ登場して、さらに「カラス属」ができ、今のようなカラスが生まれたのがいつなのかは、まだわかっていない。ミトコンドリアＤＮＡの分析から、ハシブトガラスのインド産亜種の一つである ***Corvus macrorhynchos culminatus*** が分岐してから200万年近いという説はあるので、まあ、少なくとも何百万年というタイムスケールの出来事ではあるのだろう（こういう研究はすぐ違う結果や解釈が出て来るので要注意だけれども）。

ここで、進化について少しだけ。

かつて、カラス類は「スズメ目の中で最も進化している」と言われていたこともある。確かに分岐を見ると他のスズメ目からは離れているし、いかにも「賢い」鳥だから、「賢いから進化している」と思いたくなるのはわかる。だが、現在の研究からわかるのは「カラスは他のスズメ目から早いうちに分岐し、その後独自に進化して来た」ということだけだ。カ

ラスが進化してきたのと同じ時間だけ、他のスズメ目も進化している。後になって付け加わった形質を持つものを「より進化した形質を持つ」と呼ぶことはあるが、これは決して他の種よりも「優れている」という意味ではないことは注意してほしい。生物学で言う「進化」は、一般用語の「進歩」とは違う。「より優れている」という概念と親和性のある適応的な進化にしても、本人たちの繁殖にとって前より良いというだけで、他種の生物と比べて良いとか悪いという比較ではない。それどころか、進化した結果、かえってある性能が「退化する」ということもあり得る。これも生物学的な言葉で言えば、進化の一つである（註8）。第一、「新しいほど良い」のならば、肺なんて古くさい器官を持った我々は多くの魚よりも遅れている（註9）。

というわけで、進化というとつい「進歩」と同一視しがちであるが、生物学的にはそんな意味はない。進化の定義というか表現はいろいろできるだろうが、現代の生物学において極めて冷徹な進化の定義の一つはこうである。

「集団内における遺伝子頻度の時間的変化」（註10）

註1【ネコ目】 ねこめ、ではない。以前の言い方だと食肉目。最近、「その分類群を代表する動物名をつける」という方針でネコ目になっているが、こういう書き方をするとネコが基本で他はそこから派生したように見えるから何だかヤだ。食肉目の方が目全体の特徴を言い表してて便利だと思うんだがなあ。

註2【収斂進化】 系統的には縁遠い生物同士が、お互いに似た形に進化することを言う。進化の結果が「同じ形に収束してしまった」という意味。例えば魚竜とイルカ、鳥とコウモリの類似が収斂進化の例である。

註3【学名】 学名とは、国際命名規約に基づいて記載された、その生物固有の、全世界で通用する名前である。「ハシブトガラス」は標準和名だが日本でしか通じないし、Large-billed Crowは英語でしか通じない。また、一般名称は厳密なものではないので、複数の種に同じ名が割り振られていることや、同じ種にいくつも名前があることもある。だが、ハシブトガラスを指して「あれが *Corvus macrorhynchos* だよ」と言えば、誤解なしにどの種のことか通じる。

ある動物が新種であると判断した場合、分類学者は「この動物はこういう特徴があり、これこれの理由で新種だと判断します」という記載論文を書き、学名を提案する。学名はラテン語か、他言語由来の単語をラテン語化したものと決められている。*Corvus macrorhynchos* ならば「大きな(macro)嘴の(rhynchos)、カラス(Corvus)」という意味だ。*Corvus* は属名、*macrorhynchos* は種小名で、「山口さんちのツトムくん」みたいなものである。

註4【見た目も全く変わらない】 ところが、近年では「見た目には区別できないが遺伝的に違う集団」というものが見つかっている。例えば関西と関東のメダカは見た目には同じに見えるが、遺伝的にやや異なる。生物の進化の結果を混乱させてしまうので、たとえ同種でも産地の違う生き物をむやみに野外に放してはいけません。

註5【何らかの地理的な分断など】 ズキンガラスと他2亜種の間には明確な地理的障壁がない。繁殖生態などもほぼ同じだから、行動の違いが2種を隔てる壁になるとも考えにくい（昆虫には藪を好むか好まないかで2集団に分かれている例がある）。実際、分布が接している場所では交雑している。これがなぜ、見た目も分布も違う集団として併存できるのか？ という極めて興味深い問題については「地理の時間」の「ヨーロッパのカラス科たち」参照。

註6【別種扱いのスンダガラスより縁遠い】 分岐分類学の考え方に基づくと、より近縁なスンダガラスを別種とする一方で、「別種」より縁遠いフィリピンの個体群をハシブトガラスに含めるのは反則である。ハシブトガラスの範囲を拡大して、スンダガラスもハシブトガラスにするなら理論的な矛盾は避けられるが、今度は見た目の全く違う（しかもさっきまで別種扱いにしていた）スンダガラスをハシブトガラスにしていいの？ という問題が生じる。

なお、世界のハシブトガラスは11亜種に分けられていたが、もっとまとめるのが妥当という説も……だが、これも種なんだか、亜種なんだか、亜種ですらない全く同じものだか、微妙な部分を含んでいる（註11）。

註7【カラス科だけを扱った図鑑】1999年、第一回カラスシンポジウム「とうきょうのカラスをどうすべきか」の後で神保町の鳥海書房に行った時のこと。「む、黒い本！」と思って足を止めたのが「Crows of the World」との出会いである。箱から出してパラパラとめくると夢のようなカラスの世界が広がっていたが、付けられた値段は2万3000円！　あわてて財布を出し、飯を諦めれば3000円ほど残して奈良に帰れることを確認の上、購入した。自分史上、最大の衝動買いである。しかし良い買い物であった。

註8【進化した結果……「退化する」】ニュージーランドに住むカカポ（フクロウオウム）は飛ぶことができない。これは地上に天敵がいない環境に適応して進化した結果である。翼が退化したと表現しても良いが、現象としては環境への適応であって、「悪くなった」という意味の退化ではない。

ある機能をなくしたとしても「無駄な器官をなくすことで効率よく成長する」などの効果があれば、かえって性能が良い場合がある。フルスペックの最高級機より、機能を絞った廉価版の方が使えるとか、安いので十分、といった例は、家電製品やパソコン選びでも経験することがあるだろう。進化に必要なのは個体の性能や強さではなく、「結果として、より多く子孫が残ること」だけである。個体の性能は子孫を残す方法の一つにすぎない。

註9【肺なんて古くさい器官】古生代の魚類は肺を持つものが多かった。肺をもとに、浮力調

整器官の浮き袋を進化させたのが現代的な魚類である。出現した順序で言えば、浮き袋は肺よりもトレンディ。

註10【遺伝子頻度の時間的変化】 進化には表現型に現れないものもある。生物のカタチの進化が起きるメカニズムは、まず遺伝子レベルで何らかの変異が生じ、遺伝子が変化したことによって作られる形が変わる、というものだ。しかし、遺伝子は非常に冗長にできているので、塩基が一つ変わったくらいでコロコロと姿形にまで影響が及ぶとは限らない。また、遺伝子が決定しているのは外見だけでもない。そもそもＤＮＡの中には使われない領域もあるのだ。つまり、見た目になんら変化がなくとも、遺伝子レベルでは随分と変化しているという事もあり得る。よって、特に分子生物学の分野では、外部形態ではなくて遺伝子の変化に着目しなければ進化を語ることができない。そのような観点も踏まえて提唱された進化の定義の一つがこれである。

註11【微妙な部分】 現在「ハシブトガラス」とされている種は、かつて *Corvus macrorhynchos* や *C.levaillantii* あるいは *C. culminatus* など複数種に分けられていた。英名も大別して Large-billed Crow（あるいは Thick-billed Crow）と○○ Jungle Crow 系がある。バングラデシュからタイに分布する *C.levaillantii* の英名は Eastern Jungle Crow で、インド産の *C. culminatus* は Indian Jungle Crow だった。ちなみに昭和8年発行の『鳥類原色大図説』（黒田長禮／修教社書院）を紐解くと日本のハシブトガラスは *C. coronoides* (Hondo Jungle Crow)、オサハシブトガラスは *C.osai* (Ogawa's Jungle Crow) といずれも別種になっている。

ところが *C. coronoides* はミナミワタリガラス（Australian Raven）のことで、実際、ジャングルクロウの少なくとも一部はミナミワタリガラスの多型の一つ、とされたこともあるのだ。では現在馴染みのある *C. macrorhynchos* は何かというと、元はこれも東南アジア産の標本に付いた学名だ。インド産の個体は別種だ、いや東南アジア産のと同じだ、待て待て東南アジアのはオーストラリアと同種かも、でもやっぱり違うぞ、と100年以上モメたのである。理解を放棄したくなってきた。

結局、これらは全て同種だということになり（恐らく、分類学者も私と同じ気分を味わったのだろう）、*C. macrorhynchos* が学名として採用され、かつて独立種とされていたものは亜種に落ち着いた（とはいえ、全部同種なのは納得いかん！という意見は今もある）。*macrorhynchos* の英訳は一般的には Large-billed なので（Large と訳すか Thick と訳すかはセンス次第だ）、学名を尊重すると Large-billed Crow ということになる。だが、英名には学名と違って命名規約があるわけではないので、Jungle Crow と呼んでも構わない。なお、日本語の「はしぶとがらす」は Thick-billed の和訳っぽく見えるが、「はしぼそがらす」と共に江戸時代には既に存在した呼び名である。

二時間目
カタチの時間

動物が活動することと形とは密接に結びついている。もちろんカラスもそうだ。ここでは鳥の骨格と、ハシブトガラスの嘴を取り上げる。

カラスの形態と運動

地面を歩いていたカラスがヒョイと飛び立ち、脚をたたみ込んで飛行に移る。これは見慣れた光景だが、考えてみたら、人間の生み出したメカは走るだけで飛べないか、飛べるけれど地上では動きが鈍いか、どちらかだ。両方を満たす「鳥っぽい」メカは、アニメの中にしか存在しない。いったい、鳥の体はどうなっているのだろう?

鳥の前肢は完全に翼になってしまっているので、立ったり歩いたりするのは後肢の役目だ。我々が考える「鳥の脚」は、お腹のあたりから出ている。よーく見ると、最初は後ろ向きに伸びて、それから関節があって前に向かっている。アニメのメカ設定だと「逆関節」と言われるタイプだが、これは一体、脚のどの部分なのか、わかりますか?

脚はもちろん、腰の骨に付いている。そして、鳥の腰は尾羽の生え際だ。といっても羽毛で覆われていてどこだかさっぱりわからないが、大雑把に言えば胴体のほとんど後端にある。そして、太腿は体の側面に引き上げられて、強大な筋肉で保持されている。この筋肉は大腿骨の回りについているが、大腿骨を動かすためというより、スクワットのような姿勢を支えるためだ。そして、太腿は人間ほど自在に振り回すことはできない。

その先が膝だ。膝はまだ体の側面にあり、体側からはちょっと突き出しているが、羽毛がついた状態では外からは見えない。ここから下方向、斜め後ろに向かって脛骨《けいこつ》（すね）が伸びる。スズメやカラスの外側に突き出して見える「脚」は、この部分からだ。普段はチラ見せ程度だが、姿勢によっては羽毛に覆われた、意外に長い脛《すね》を拝める。では、その先にある関節は？　そう、脛の先にある関節は、くるぶしである。「逆関節」に見えている部分は、ここだ。その先の、折り返して斜め前に伸びる部分は、「ふしょ節」と呼ばれ人間で言えば足の甲の部分**（註1）**。地面に接しているのは、指の部分だけである。つま

ハシブトガラスのすねチラ見せ

り、鳥は常に爪先立ちの状態にある。

考えてみれば犬も猫も馬もこういう爪先立ちで歩く構造（指行性および蹄行性）なのだが、鳥の場合は脚全体が見えていないため、ピンと来ないのである。さらに、鳥がチョコチョコ歩いているのは基本的に、膝から下の動きである。ついでに言うと鳥の膝から下には筋肉が少ない。作動用の「モーター」に相当する筋肉の多くは胴体側にあり、腱を引っ張って駆動しているわけだ。だから、鳥の脚はあんなに細いのである（**註2**）。

要約すると、鳥は体をうんと前に倒した上で、M字開脚気味に踏ん張った足をお腹に引きつけ、爪先立ちした状態で、膝から下だけを忙しく動かして歩いている、ということになる。人間がやるとギャグだが、こういう体制なんだから仕方ない。

なんでこういう妙なことになっているかというと、これは鳥が「飛ぶ」ということと関連している。

模型飛行機を飛ばした経験のある方はよくおわかりだろうが、飛行機が安定して飛ぶためには重心位置が極めて重要だ。厚紙や割り箸で飛行機を作って飛ばすにしても、機首につけたクリップなどの錘りを調整しないと、頭から突っ込んだり、逆にグイと機首を持ち上げてからフラフラと落ちてしまったりする。普通、飛行機は翼の真ん中より少し前に重心が来るようになっている。模型飛行機だと翼弦（翼の前縁から後縁までの長さ）の20～30パーセントくらいの位置だ。

翼面が発生させる揚力（機体を持ち上げる力）の幾何学的中心を揚力中心と言うが、重心は揚力中心より前にあるのが基本だ。この状態では、機体は勝手に頭を下げようとしているので、機体後部の水平尾翼で下向きの力を発生させ、常に機首を上げる方向に補整している（お尻を下げるとシーソーのように機首が上がる）。無理な操縦をして機首を上げすぎ、失速**（註3）**した場合にも、自動的に頭を下げて降下姿勢に入り、速度を上げて飛行状態を回復できる。

鳥の場合はかなり際どい安定性で飛んでいるようだが**（註4）**、それでも重心は概ね、翼の真ん中へんにある。でないと飛べない。この、「重心位置が翼の真ん中へんにある」というのが第一のポイント。

次に地上で安定して「立つ」とはどういうことか。この場合、接地している面の上に重心が来ないといけない。人間の場合、地面につけた左右の足で囲まれた範囲、この範囲内に重心が落ちていないとコケる。よろけた時に足を大きく出すとコケずに踏みとどまれるのは、移動した重心位置の先に足を出すことで、再び接地面と重心位置の関係を正しているからだ。

ところが、鳥の脚は腰骨から生えている。つまり、脚の付け根が重心よりずっと後ろにあるのだ。この状態で立つにはどうすればいいか？

足の接地面さえ重心位置、つまり翼の下あたりに持ってくれば、一応立つことはできる。だが、体の後端から脚をまっすぐ斜め前に伸ばして支えるのは相当つらい。十字懸垂や鞍馬の技みたいなもので、この状態で歩くことができるのかどうかも、大いに疑問だ（脚を前に伸ばした状態から体を持ち上げてさらに前へ脚を出す、なんてことが可能だろう

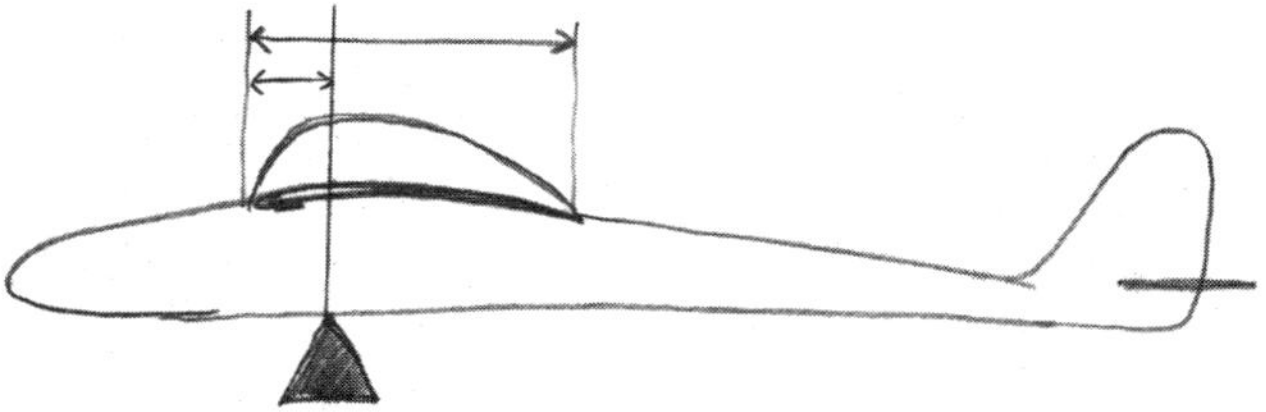

飛行中の重心位置。飛行機も鳥も、▲のあたりに重心が来る。

か?)。描いてみるとあまりにも不自然な立ち姿で、漫画なら「ビシィィッ」と擬音が入りそうだ。「鳥類の脚力はァァァ、世界一ィィィィ!」などと叫び出しても困る(註5)。

これを解決したのが、「脇腹に太腿を引きつけて、膝を前に出す」という方法だ。太腿の可動性を減らして胴体に引きつけてしまったので、実際に動く「脚」の付け根は膝になっている。そして、膝の位置は腰よりずっと前、見事に翼の真下なのだ! そこから脛はやや後ろへ伸び、「逆関節」で折り返して、指の接地面は再び重心点の真下だ。これなら、器械体操の技のような姿勢を保たなくても大丈夫だ。

このように、「飛ぶ時と歩く時の両方でバランスが取れる形」というのが鳥の奇妙な骨格の正体である。バルキリーのガウォーク形態も翼と脚の位置関係は鳥に近い(註6)。

地上での立ち姿も重心位置を合わせるのに重要だ。同じ鳥が、体を水平にしている場合と、45度体を起こしている場合では、足の位置との関係はどう変化するだろう?

絵を描くとわかるが、体を起こすほど、重心点は腰に近づく。つまり、足が後ろにあっても立てるようになる。45度と言わず、70度くらい起こしてしまうと、うんと短い

腰骨からまっすぐに脚を伸ばして立つと、こうなる。世界一の脚力をもってしてもプルプルしそうである

姿勢による違い。体を立てた場合、足は短くてもいいし、
体の後ろの方にあっても大丈夫だ

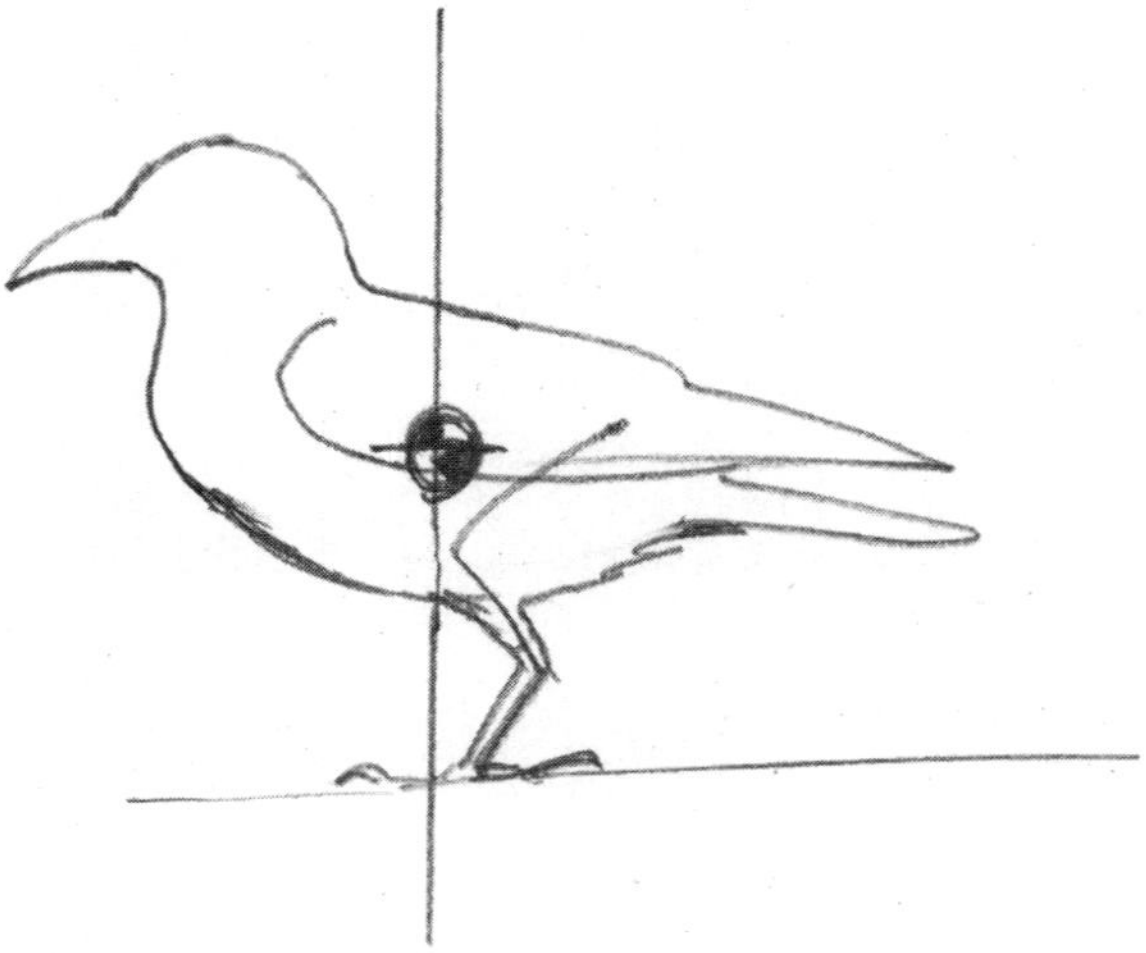

脚をチョコンと出すだけで、理論的には立つことができる。膝の位置がああだこうだ、とモメる必要もない。ただし脚を真後ろに向けることはどうやらできないので、ヒトのようにまっすぐ脚を伸ばして直立するのは無理なようだ（ペンギンは膝を直角に曲げ、空気椅子状態で立っている）。だから、もし鳥が脚を短くしたいとか、脚をなるべく体の後ろに持って行きたいというなら、体をうんと起こしてしまえばいい。実際、体の後端にチョコンと脚が出ているウミガラス類やカイツブリ類は直立に近い姿勢で立つ**（註7）**。また、ヒヨドリやツバメは普段は地面に降りず、枝や電線に止まる時は体を起こして、足指を枝に引っ掛けるようにして止まっている。このせいか脚は短めだ**（註8）**。ヒヨドリが地面に降り

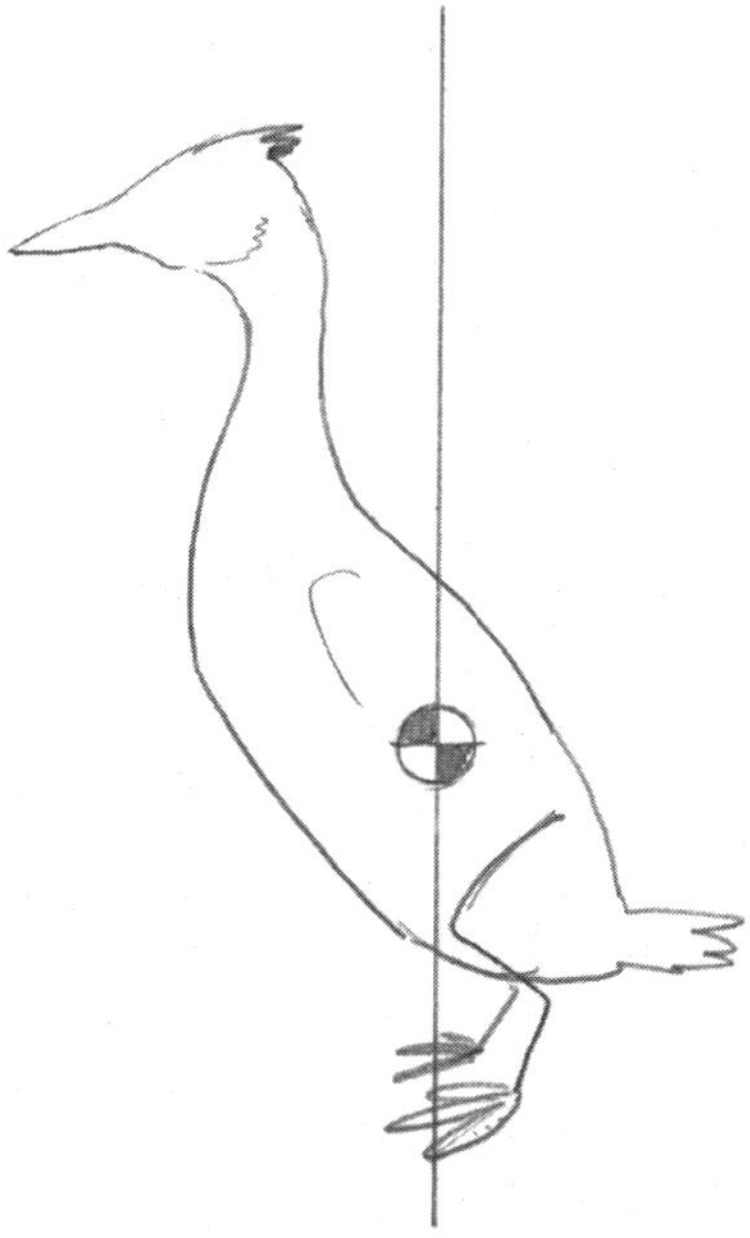

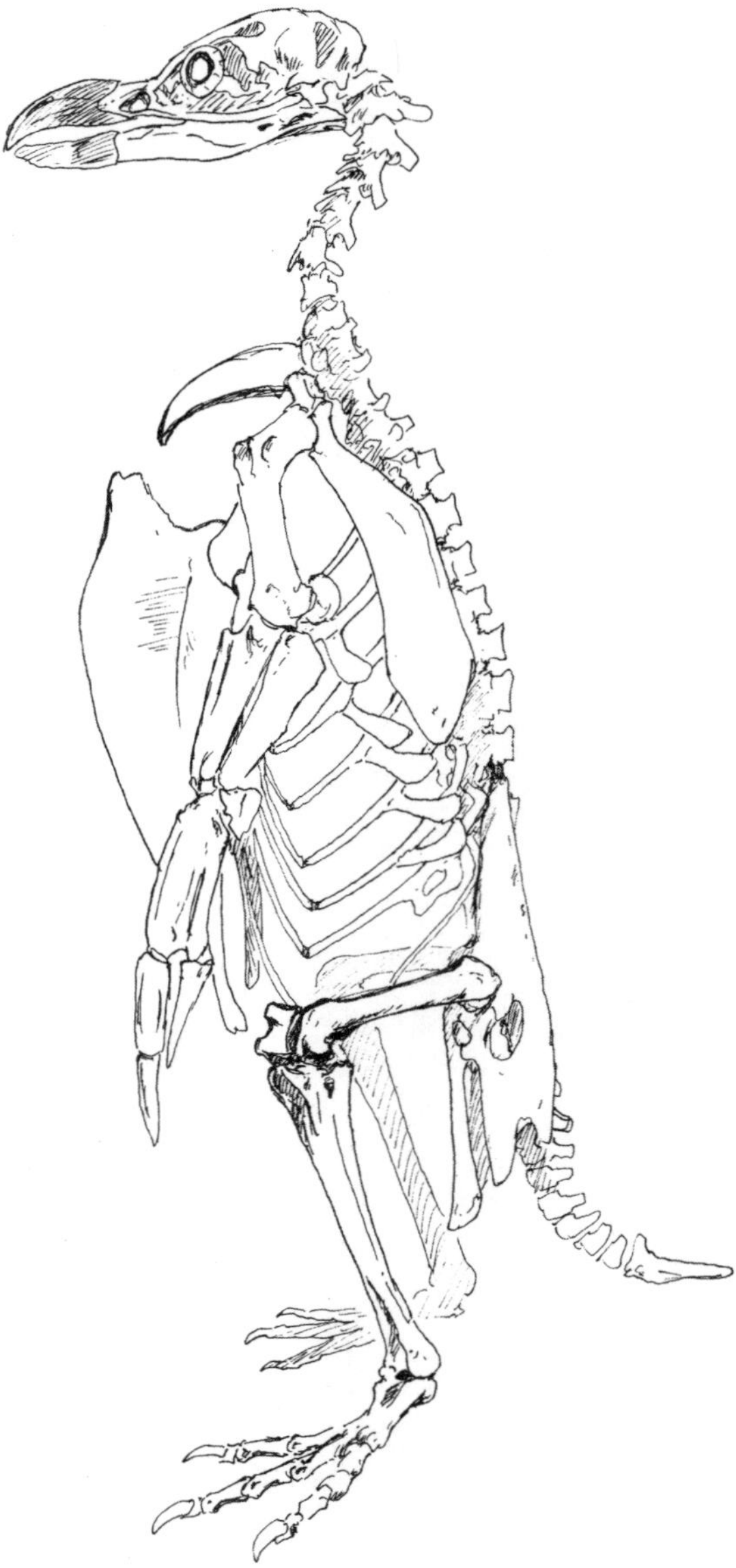

マゼランペンギンの骨格。立っている間はずっと空気椅子

ている場合、尾羽を地面に引きずり、脚を前に投げ出すような、おかしな姿勢になっている。恐らく、体を起こした状態では尻尾が地面につっかえてしまうので、体を水平にしなくてはいけないのだろう。

　さて、ハシブトガラスが立っている時も、なんとなく脚を前に投げ出して、関節を深く曲げているように見える。ハシボソガラスの方が、脚を伸ばしてシャンと立っているように感じるのだ。いくつかの骨格標本を計測して、大腿骨：脛骨：ふしょ骨の比率をみたところ、ハシブトガラスはハシボソガラスと比べて膝から下、特に、ふしょ骨が短い傾向がある（哺乳類では、一般に足の速い動物は四肢の先の方の関節が長い。つまりハシブトは足が遅そう）。

また、地上で体を立てると長い尾羽が地面をこする

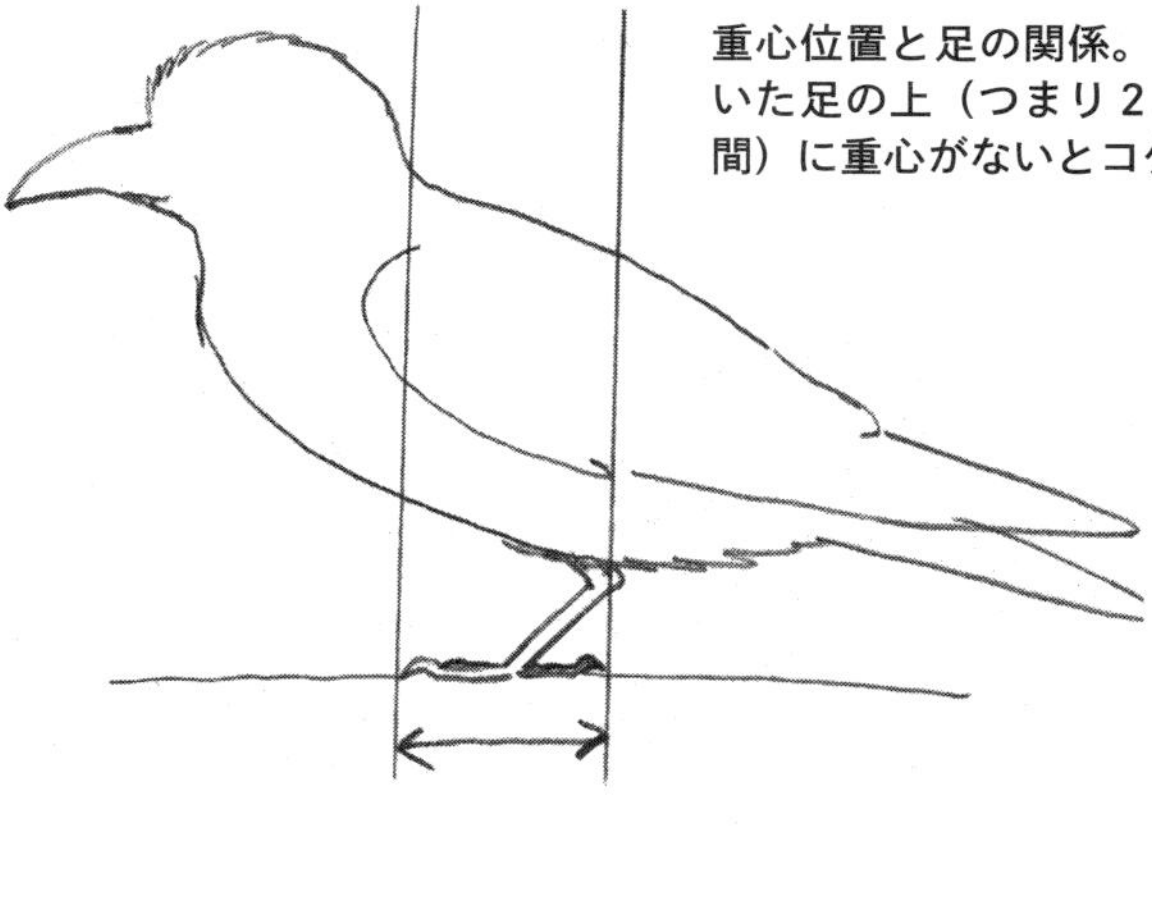

重心位置と足の関係。地面に着いた足の上（つまり２本の線の間）に重心がないとコケる

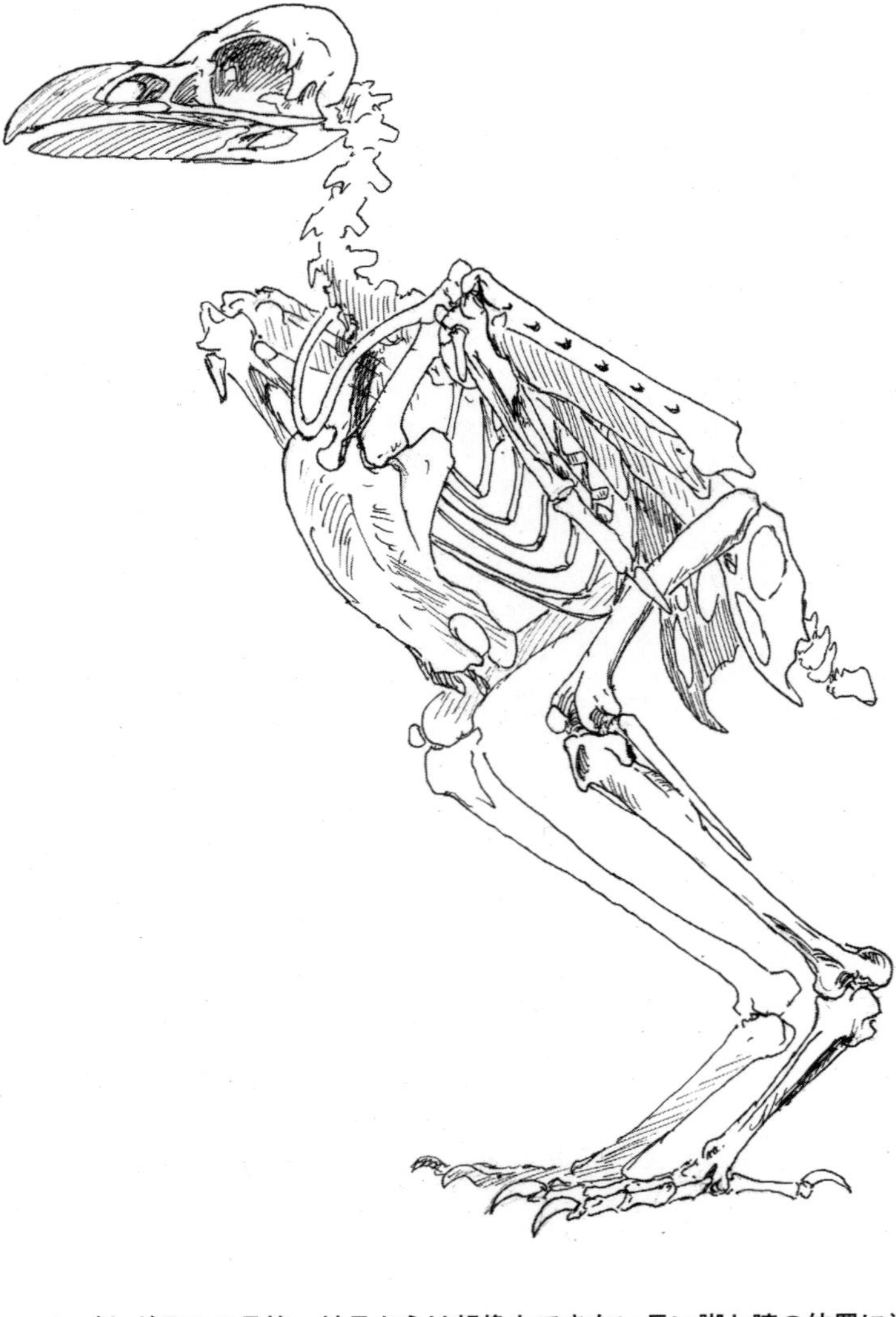

ハシブトガラスの骨格。外見からは想像もできない長い脚と膝の位置に注意

ので、普段は体を水平に近く保っている。そうすると今度は重心位置が前に行ってしまい、結果として脚を前に出さないとコケるのだろう。彼らが妙に大儀そうに「よいしょ、よいしょ」と歩くのも、脚の構造と関係しているような気がしている。

我々が普通に歩く動作は「動的二足歩行」といい、重心を崩しておいて倒れるより先に足を前に出す、という動作の繰り返しだ。軽やかにスタスタと歩くためには、連続して体重を前にかけつつ、重心位置を追い越して足をさらに前に出すのが肝心である。ただでさえコケそうな姿勢をなんとか支えている状態で、果たしてそんな器用に歩けるだろうか？　ハシブトガラスの地上でのバランスが良くないように感じ、かつ、歩くのが下手だと感じる理由はこの辺にあるかもしれない。もっともハシブトガラスもゴミ袋に突進する時などはシャキン！　と脚を伸ばして大股に歩くこともあるので、ちょっと何とも言えない部分はある。疲れるから普段はやらないだけかもしれない。

さて、鳥の地上でのロコモーション（運動様式）には二つある。一つはホッピングといって、足を揃えてピョンピョンと飛び跳ねる動きだ（完全に両足が揃っているとは限らず、スキップするような動きになる事もある）。もう一つがウォーキングで、交互に足を出してテクテク歩く動きである。スズメはピョンピョンだし、ハトはテクテクだ。ツグミもセキレイもチドリも普段はテクテク歩く。一般的に、地上をこまめに歩き回る鳥はウォーキングを使う。一方、ホッピングは樹上性の鳥で発達した動きだと言われている。枝から枝にピョンと飛び移る場合、交互に足を出すような動きは不要だからだ。

これを地上にまで転用したのが、ホッピングしかしない鳥達である。これは筋肉というより運動を制御する神経の問題で、スズメにウォーキングをさせるのは難しそうである。

カラスは両方のロコモーションを使うことができる。ただ、ハシブトガラスはすぐホッピングに切り替える。少し急ぐ時などはピョン、ピョンと飛び跳

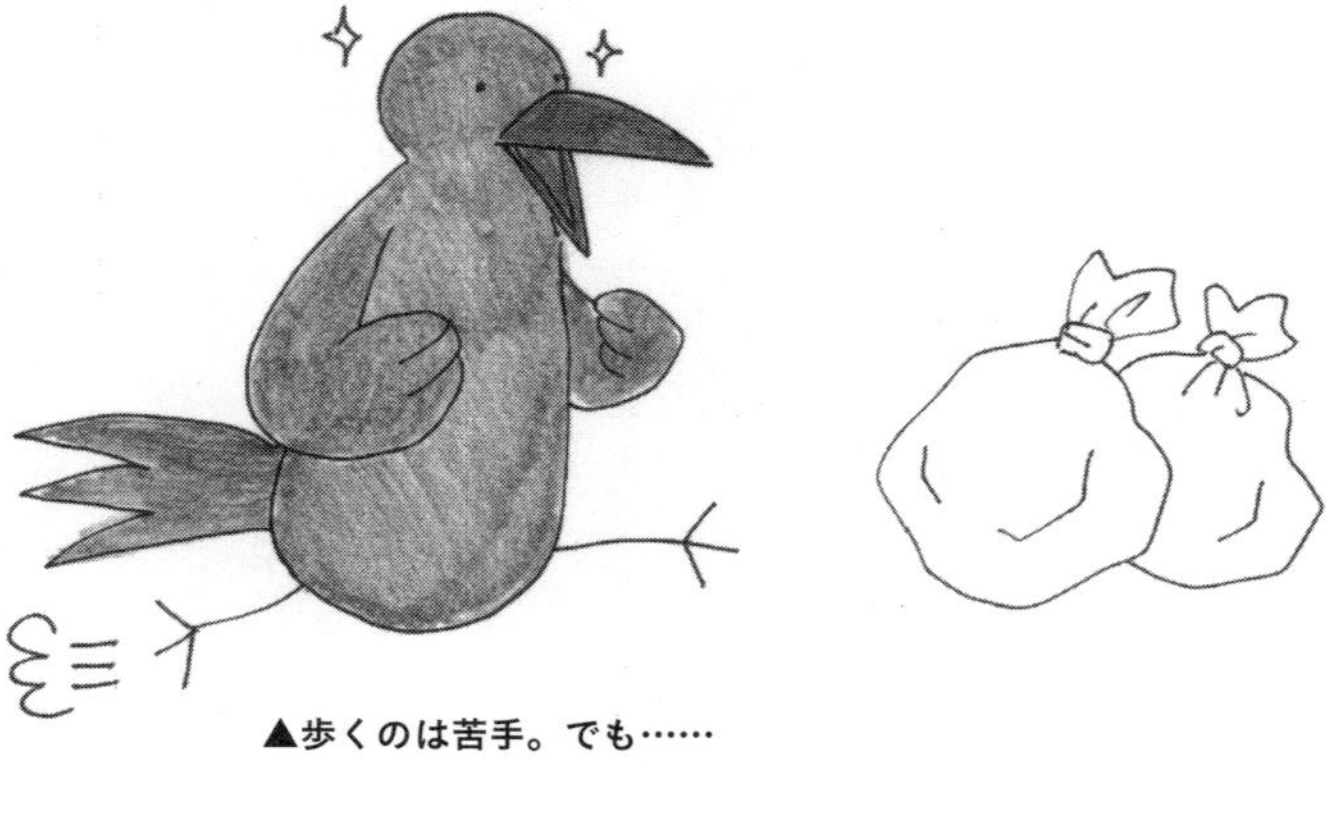

▲歩くのは苦手。でも……

ねるし、飛び立つ直前にもホッピングで助走してから飛び立つ場合がしばしばある。その点、ハシボソガラスはウォーキングを多用する。ちょっと意地悪をしてハシボソガラスの後をついて行くと、最初は嫌そうに振り返りながら歩いているが、だんだん早足になり、最後は凄い勢いでテテテテ……と逃げる。

データを取ってみると、地上でホッピングを行う割合はハシブトガラスで約10パーセント、ハシボソガラスでは1パーセント以下だ（片足を出せば一歩、「ピョン」ならホッピングで1歩と数え、総歩数中のホッピングの割合を計算した）。情況によってどちらを使うかは異なるのでこれだけで比較するのはちょっと躊躇するが、ハシブトガラスの方がホッピングが多いのは間違いないだろう。また、飛び立つ直前にホッピングを行う例は、ハシブトガラスで4割から5割以上、ハシボソだと2割以下。鳥が地上から飛び立つ瞬間は脚力で高度と速度を稼ぐので、ハシブトガラスは助走が多めにいるのかもしれない。ハシブトガラスが足早に逃げるのは見たことがない。そういう情況になるとすぐ飛ぶからである。カラスの妙にかわいい運動は横っ飛びにホッピングする例で、警戒しながら餌に近づく時によく見られる。いざとなったら体の向きを変えずに飛び立って逃げられるからだろうが、これもハシブトガラスでよく見られ、ハシボソはあまり行わない。

ホッピングとウォーキングのどちらが良いかは簡単には判断できない。ホッピングの方が両足を使うぶん大きな力を出せそうなので、体重に対する脚の力が弱くてもピョンと飛べそうに思う。一方、毎回うさぎ跳びをするようなもので、体力の消費は大きそうだ**（註9）**。ツグミやセキレイのような地上性の強い鳥がウォーキングを使うところを見ても、恐らく地上を長時間歩き回るには、ウォーキングの方が経済的なのだろうという気がする。また、これはウォーキングを行う人間だからそう思うのかもしれないが、ホッピングでは細かな足捌きが難しいような気もしなくはない。抜き足差し足なんて無理そうだし。

このようなロコモーションの違いは、両者の体重やプロポーション、筋肉から神経系まで広範に関係していると思うのだが、やはり、どれくらい地上を利用するか、地上での運動性や経済性をどれくらい要求されるか、が違っているのではないかと考えている。このような疑問にも、カラスの生活史の違いは顔を出して来るのである。

こういう
膝の動きは
鳥の中でも
カラスくんだけ

註1【ふしょ】 漢字で書くと跗蹠。ヒトで言えば足首から足の甲の部分で、鳥では完全に癒合して1本の骨になっている。鳥類学では「ふしょ」と読むのだが、蹠は「あしうら」の意味で本来「せき」と読み、「しょ」は慣用的な読みである。サルやクマのように足の裏をベッタリ地面につけて歩くのを蹠行性と言うが、これも「しょこうせい」か「せきこうせい」か悩むところだ。

註2【鳥の脚はあんなに細い】 フライドチキンを食べる時に観察してみるとわかるが、膝から下は「歯を立てて齧り取れば食えないこともない」という程度の肉しかない。これは重量物をなるべく体幹部に集め、軽い末端部を素早く、かつ少ない筋肉で動かせるようにしているからだ。なお、指にはパッド状の結合組織があるので、鶏のモミジ（足先）はコリコリ、プニプニした食感で珍味である。トサカもそんな感じ。

註3【失速】 字面からすると「速度を失うこと」のように見えるが、翼が上を向きすぎた（飛行機の用語で言えば「迎角が大きくなりすぎた」）ために気流が乱れて、翼面から気流が剥がれた状態を指す。同時に抵抗も大きくなるので、速度が急激に落ちる。この状態になると翼は必要な揚力を発生させることができず、飛行機は墜落し始める。鳥も失速すれば落ちる。強風に煽られて頭上げ・頭下げを繰り返した挙げ句に失速して横転しながら墜落したアオサギを見たことがある。

註4【かなり際どい安定性】 滞空時間を競う競技用模型飛行機の場合、重心位置は空力中心よりも後ろにある。理由は次のようなものだ。

重心を前に出した普通の設定の場合、機首が下がるのを防ぐために、水平尾翼で下向きの力を発生させている。だが、下向きの力を加えているということは、せっかく発生した揚力を無駄にしているとも言える。滞空競技機の場合、1グラムたりとも揚力を無駄にしないよう、主翼と尾翼の両方で揚力を発生させて飛んでいるのである。これを「尾翼に揚力を積む」と呼び、重心位置は主翼の後縁あたりか、時には主翼より後方になる。これによって飛行体としての効率は良くなるが、姿勢を乱した場合、自動的な回復は望めない。滞空競技は屋内で、ゆっくり旋回しながら飛ぶだけなので、バランスを崩す恐れがなく、第一、模型だから墜落しても犠牲者を出さないので、こういう設計も可能だ。

最近の研究によると、小鳥はしばしば尾羽に揚力を積んでいるのではないかと考えられている。計算してみると重心位置が妙に後ろにあるのだ。これは安定を崩しかねない、非常に危険な方法ではあるのだが、鳥類は翼や尾羽を自在に畳んだり広げたり捻ったりできる上、脳と神経で直結しているから、人間が操縦桿を動かすより素早く的確に、微妙な操作ができているのだろう。

近年の戦闘機には重心位置を空力中心付近まで下げた設計のものがある。ユーロファイター・タイフーンやミラージュ２０００がそうで、バランスを崩すと自然に回復することは望めない。これはわざと「バランスを崩しやすい」設計にして高い運動性を実現する一方、コンピュータ制御を駆使して自動的に機体の安定を保っているからだ（註１０）。このような機体を人間の感覚だけで飛ばすのは難しい。

註5【世界一ィィィィ】『ジョジョの奇妙な冒険』（荒木飛呂彦／集英社）の登場人物が見せる、重心位置や安定性を無視したような奇妙な立ち姿はしばしば「ジョジョ立ち」と呼ばれ、「メメタァ！」などの奇妙な擬音と共に非常に有名である。「世界一ィィィィ！」はシュトロハイム少佐の名台詞。このような奇妙な台詞もまた、とみに有名である。

註6【鳥の奇妙な骨格】鳥の骨格の特徴は他にもある。まず、空洞で軽量化された骨。それから、短くて可動性の低い胴体だ。胴体には頑丈な肋骨が並び、腰骨と脊椎骨は癒合して腰仙骨《ようせんこつ》となっている。このため、鳥は胴体を曲げたり捻ったりすることがほぼできない。その代わり、長くて柔軟な首を使って様々な作業をこなす。

バルキリーは２００８年に地球統合軍に採用された可変戦闘機。形態だけでなく、変形ギミックを盛り込んだ上めちゃくちゃ頑丈なのに現用機と変わらない重量という異常な軽さも鳥的。

註7【ウミガラス類やカイツブリ類】水中を泳いで魚を捕るウミガラスやカイツブリなどは大腿骨が短く、脚の位置が後方にある。カイツブリは潜水に特化しており、後端部に推進装置を持つ方が良かったのだろう。ウミガラスは翼を使って泳ぐが、体の後方にある脚は操舵にも都合が良さそうだ。二人乗りのカヌーでは、後ろで漕ぐ人が舵取り役になる。なお、カイツブリが地上を歩くことはほとんどないが、求愛のために水面に立ち上がって走る種がある。直立姿勢としては本書の随所に登場する「カラスくん」もあるが、鳥類としては極めて特異な骨格を持っていると言わざるをえない。

註8【脚は短め】 別に長くてもいいじゃん、という気もするが、脚が短い方が筋肉も含め軽量化できるのは確かだ。「脚なんかただの飾り」とまでは言わないが、必要以上に重たい脚をぶら下げて飛ぶ必要はない。

註9【体力の消費は大きそう】 ホッピングの場合、腱をバネのように使って接地した時の衝撃を蓄え、次にピョンと飛ぶ時に利用しているので、見た目よりは力を使っていない、という説もある。確かにリズムよくピョン、ピョン、ピョンと飛び跳ねるのを見ていると、バネの反発のようにも感じる。

註10【高い運動性を実現】 ミラージュの場合、フラップの効きを良くして離着陸性能を改善するという効果もあるが、これ以上語ると航空雑誌になってしまうので割愛。

ヘッツァーとハシブトガラス

ハシブトガラスは、よく見るとなんだか変な顔をしている。正面から見ると、特に変だ。顔の真ん中に妙に薄くて背の高い嘴があり、これでは視界の邪魔になりそうである。目はうんと左右に離れている上にちょっと飛び出し気味で、まるでバルタン星人だ。その目をグイと斜め前に向けようとしているので、余計になんだか妙な顔に見える。嘴に邪魔されずに両眼で前を見ようとすると、これくらい目を離さないと無理なのか。とすると、全ての元凶は大きすぎる嘴ではないのか？

また、頭を上から見ると上嘴にくっきりと峰があり、鋭く上にそびえているのがわかる。羽毛をペタンと寝かせた場合、ハシブトガラスの顔はハシボソと区別がつきにくいのだが、この盛り上がった「峰」があればハシブトである。頭骨を見ても、上嘴が大きく弧を描いている。とにかく、頭骨に対して嘴が目立つのだ。我々は普段ハシブトガラスを見慣れているから特に不思議に思わないが、カラスという嘴が大きめな鳥の中でも、ハシブトガラスの嘴は巨大である。

さて、この嘴を見るたびに思い出すのは、第二次大戦中、ドイツが作ったヘッツァーという装甲戦闘車両だ（註1）。この車両の開発の経緯はちょっと変わっている。まず、ドイツがチェコを併合したため、チェコの軽戦車LT-38が38(t)としてドイツ軍に採用された（註2）。これは優秀な軽戦車だったのだが、火力が不足したため、ドイツお得意の突撃砲スタイルに改造した駆逐戦車がヘッツァーである（註3）。

戦車は普通、旋回式の砲塔を備えている。だが、軽戦車である38(t)の砲塔は小さく、あまり強力な砲は積めない。そこで砲塔を廃止し、装甲化された大きめの戦闘室を作り付けて、IV号戦車F型と同じ長砲身の7・5センチ砲を据え付けることにした。コンパクトな車体ながら攻撃力は一人前になった

ハシブトガラス正面図

が、いろいろと問題もあった。例えば、7・5センチ砲を車体中央に積むと左右ともスペースが残らないので、砲を右に寄せ、乗員は全て左側に座った。そのため車体右側は乗員には全く見えない。重い大砲を車体前方、しかも右にオフセットして積んだため、車体は常に前下がりで、微妙に右に傾いていた。背が低いので被発見率も被弾率も小さいのはいいが、砲口の位置が低い（地面からわずか1メートル）ために発砲するとものすごい土煙が上がり、位置がバレバレになる上に前が全く見えなくなったという。ここで撃ち損ねると反撃を喰らうのだが、敵弾を確実に跳ね返すほどの装甲も持っていない。装甲が薄いのは小さなエンジンにこれ以上の負担をかけられなかったからであり、エンジンが小さいのは

ヘッツァー

車体がそもそも小さいからだ。

要するに、ヘッツァーとは攻撃力「だけ」はサイズ以上にして、それ以外の条件はちょっと横に置いておいた、という車両である。

さて、個人的な印象だが、ハシブトガラスはヘッツアーみたいなものではないかと思うのだ。つまり、死肉食者として肉を切り裂く力だけは誰にも負けないように大きな嘴を備えた結果、なんか変な顔になっちゃった……それがハシブトガラスだと思うのである。

北海道から九州に分布するハシブトガラスである ***Corvus macrorhynchos japonensis*** は、ハシブトガラスの全亜種中で最大だ(奄美大島から宮古島周辺までは ***C. m. connectens*** で、八重山諸島は ***C. m. osai***)。クマやイノシシやシカは北に行くほど大きい傾向があるが、それならば大陸のロシア沿海州まで分布する ***C. m. mandsurhycus*** の方が大きくなくてはおかしい。こいつは対馬にもいるが別に巨大ではないし、ロシア沿海州の個体群も日本産のハシブトガラスほど大きくないという **(註4)**。なぜだろう。

これは単なる想像だが、ユーラシア大陸にはワタリガラスがいるせいではないか。ワタリガラスは明らかにハシブトガラスより大きい。ハシブトガラスに最も近縁な種はイエガラスと言われていて、これはインドや東南アジアに分布する。ということは、ハシブトガラスはアジア南部で種分化し、北へと分布を広げたと考えるのがシンプルだろう。イエガラスは小柄なので、北上する過程で大型の亜種が生じたと考えられる（実際、インドから東南アジアにいるハシブトガラスの亜種は小柄である）。ところが、北の方へ行くと強敵が立ちはだかった。ロシア沿海州以北に分布するワタリガラスである（昔はもっと南、中国までいたかもしれない）。「無理して7・5センチ砲を積んで進撃するヘッツァーの前に、敵の強力な重戦車が現れた」というわけだ**（註5）**。さあ、さらに攻撃力「だけ」を強化するために8・8センチ砲でも積むか、それとも（非常に面倒、というかもはや新たに作った方がいいレベルだが）車体の骨組みそのものを伸ばして大きくしてしまうか？

生物学に戻って考えれば、嘴をアンバランスに巨大化させることは餌を限定することに繋がりかねない。つまり、カラスの持っている「何でも食べることができる」という利点を減らすことになる。体ごと大きくするのも、コストがかかる上に一足飛びにはいかないのが問題だ。「ハシブトガラスの中では大きい」程度では、燃費が悪くなるだけでどのみちワタリガラスには勝てない。だからといって、生物の進化は「一から設計し直して新造」というわけにいかない。となると、このような負担が増える一方の進化が進むのは難しそうな気がする。

つまり、「ワタリガラスという超えられない壁がある状態では、真っ向から勝負しても勝てない」ということだ。ニッチを変え、スカベンジャーだとしてもワタリガラスより下の地位に甘んじることで立ち位置を少し違うものにし、資源の完全な競合が起こらないようにすればいい。それならば、無駄に体を大きくする意味もない。

では、日本ではどうか。日本には基本的にワタリガラスが分布しない。となると、ハシブトガラスは無敵になれる。大きくなればなっただけ、その利益は自分のものだ。増大するコストを支えきれなくなるほど大きくなることはできないが、少なくとも「絶対に勝てないライバル」に頭を抑えられるということはない。

つまり、日本でなら、大型化したハシブトガラスは無双できるのである。ヨーロッパでは「5両がかりで1両のティーガーを取り囲んでやっつけよう」という戦法を取っていたアメリカのM4戦車が、太平洋戦域では日本戦車相手に無敵を誇れたように(註6)。でも、日本のハシブトガラスはM4なのだ、とは言いたくない。理由は簡単、M4が嫌いだからである。

とまあ、ここでは軍オタ的生物学を展開したが、生物の進化において「軍拡競争」は常に起こっていることだ。あの手この手で場当たり的な改造を繰り返す兵器の歴史は、思いのほか、生物の進化によく似ていると思うことがある。とはいえ、この辺の話も(軍拡競争と同じく)始めると止まらなくなるので、そろそろ筆を置くとしよう。

註1【装甲戦闘車両】 ドイツ語のPantzerkampfwagenの訳語。英語だと直訳してArmored Fighting Vehicle略してＡＦＶ。平たく言えば戦車なのだが、戦車は重装甲と強力な火砲を持ち、機動力を発揮して最前線であらゆる敵を撃破・突破するものを指す。対戦車専用の車両や後方から火力支援を行う車両、歩兵を乗せて随伴する車両等は戦車ではない。戦車、および戦車っぽい車両をまとめて呼ぶ用語がＡＦＶである。

念のために書いておくが、私は某アニメにハマったニワカではなく、むしろタミヤ１／３５世代。大洗女子学園生徒会の片眼鏡とかツインテールなんてホントに何とも思っていないんだからね！

註2【38(t)としてドイツ軍に採用】 ｔはトンではなくドイツ語でチェコの頭文字である。１９３８年制式採用のチェコ戦車、という意味だ。ドイツ軍は常に兵器不足に悩んでおり、占領地域の兵器を接収したり、占領下で生産させたりしている。なお、ヘッツァーは38(t)を元にした新型軽戦車のシャーシ（車台）を使っているので、正しくは38(t)そのものではない。

註3【ドイツお得意の突撃砲】 突撃砲とは、ドイツ軍が使用した自走砲の一種である。自走砲というのは「自力で走る大砲」の事で、動力つきの車台に火砲を載せたもの。普通は前線のはるか後方から砲弾を撃ち込むのが仕事なので、装甲はせいぜい、銃弾や弾片を避けられる程度だ。これとは違い、重装甲に身を固め、最前線に突入して敵の攻撃に晒されながら火力支援を行うのがⅢ号、Ⅳ号戦車を改造した「突撃砲」

である。旋回砲塔を持つ戦車と違って火砲が直接、車体に取り付けられており、車体ごと旋回して照準する（砲の上下動は可、多少は左右にも動かせる）。車体サイズの割に大きな砲を積むことができるし、生産も簡略化される。後に長砲身砲を装備して戦車ハンターとしたのがヘッツァーやⅢ号突撃砲F型、Ⅳ号突撃砲L型、ヤクトパンターなどの「駆逐戦車」、すなわち突撃砲スタイルの対戦車車両である（註7）。

註4【ロシア沿海州の個体群】 実を言うと、こいつらがまた、めんどくさい。まず、地理的に明確なサイズの違いなんてあるの？　境界線ってどこ？　という根本的な疑問が出ている。次に、岩佐・クリュコフらの研究によると、南サハリンと日本の個体群はごく近縁。北サハリンおよびロシア極東の個体群も一つのクラスターとなる。そして……なぜか地理的にうんと離れたラオスの個体群も、北サハリンの個体群に近縁となっている。ところが奄美・沖縄の個体群はラオスとは疎遠。なんかもう、ぐちゃぐちゃ。この後の私の妄想は全部ウソかもしれない。

註5【敵の強力な重戦車が現れた】 この想像に沿うなら、ロシアのワタリガラスはソビエトのIS-2に相当するだろう。重量46トン、最大100ミリに達する装甲と122ミリ砲を装備した重戦車である。ちなみにヘッツァーは約16トン。

なお、巨大な体に比べても巨大すぎる嘴を持ったオオハシガラスは、152ミリ砲装備のKV-2だろうか。この怪物はたった一両で街道上に居座ってドイツ軍を足止めしたこともある。

註6【5両がかりで1両のティーガーを】 Ⅵ号重戦車ティーガーは強力無比な8・8センチ砲と最大100ミリの重装甲を誇った。アメリカのM4シャーマン戦車は遠距離からでは一方的に撃破されるため、接近して複数の戦車で取り囲み、装甲の薄い側面や後面を狙い撃ちする作戦をとったという。一方、太平洋戦域ではM4戦車は無敵を誇った。日本の九七式中戦車「チハ」は対戦車戦闘を重視していなかったからである。

註7【駆逐戦車】 駆逐戦車はあくまで対戦車自走砲であり、戦車ではないので、戦車駆逐車と呼ぶこともある。しかし「戦車駆逐車」って特許許可局なみに言いにくいので、ここは駆逐戦車で手を打っておく。ちなみに「戦車駆逐車」の語源は英語のタンク・デストロイヤー。デストロイヤーを「駆逐」と訳すのは駆逐艦からの伝統である。駆逐艦はもともと、戦艦を狙って襲って来る水雷艇を蹴散らす艦種だったので、「トーピードボート・デストロイヤー」すなわち水雷艇駆逐艦と名付けられたからだ。

　戦車を「タンク」と呼ぶのは、イギリスが世界初の戦車を開発した際、その存在を秘匿するために「戦線向けの水タンク」と称したことによる。最初は「Water Carrier Mark1（水運搬車1型）」の予定だったのだが、英軍式の略号にすると「Mk.1, WC」となり、「トイレ・マーク1って一体何?」と余計に興味を引きそうなのでタンクに改められたという。

三時間目
感覚の時間

感覚器は生物が外界と繋がるために必要な情報を提供する装置だ。ここでは嗅覚、視覚、聴覚を考えてみよう。カラスの感覚器は鳥として特別なものではないが、他の動物の感覚世界を垣間みるのは、面白いものである。

カラスはとんでもない探知能力を持っている。目なのか耳なのか第六感なのかわからないが、森の上を飛びながら、枝葉を透かして、林床で迷彩ネットを被っているこちらを見つけるのだ。ただし、じっとしていると全然見えていないらしい。食品見本を簡単に見抜くかと思えば、別の食品見本にはコロっと騙される。種類の違う生物の感覚世界に付き合うのは、なかなか大変だ。我々は自分の感覚を通してしか、世界を認識していないからである。

嗅覚編

「動物」は色彩感覚が鈍く、鼻の良いものだと思われている節がある。「鳥って色が見えるんですか」と尋ねられることがしばしばあるからだ。我々の身近な「動物」としてはイヌやネコが代表だが、どちらも世界はモノクロではないにせよ、ヒトのような「総天然色」では見えていない。遠くにあるものもはっきり見えない。一方、嗅覚は極めて優れている。だいたい、ヒトを含むサルの仲間のように、前方を向いた大きな目を備えている方が少数派である(ネコ科は鼻も目もいいという贅沢な動物だが)。

このような哺乳類一般を基準にすれば、鳥類は鼻優先の動物ではなく、視覚に頼った動物と言える。我々はイヌやネコの嗅覚に驚き、「動物はみんな嗅覚が鋭い」と思ってしまいがちだ。そのせいか、一般論として「鳥は哺乳類ほど鼻に頼っているとは考えられていない」という事が知られていないようなので、前著では「嗅覚は使ってませんよ」と強めに言っておいた。だが、かつて言われていたほど「鳥は嗅覚がない」わけでもない、という事が、近年の研究で明らかになってきている。

明らかに嗅覚を使っている鳥としては、キーウィがある。これは夜行性で目が退化しており、落ち葉の下のミミズを探り当てて食べている鳥なので、嗅覚を使っているのが理解しやすい。鼻孔が嘴の先端に開いているのもキーウィだけの特徴だ(他の鳥は嘴の付け根)。キーウィは嘴で地面を探り、また顔に生えた猫のヒゲのようなアンテナ状の羽毛で地上の震動を探知して、餌を見つけるのである。また、ヒメコンドルは硫化メルカプタンの匂いを探知することができる。硫化メルカプタンというのは要するにモノが腐った臭いの一つだ。コンドル類は上昇気流に乗って動物の死骸を探しながら飛ぶので、地表から上がって来る死骸の臭いを探知できれば便利だろう（ただし、全てのコンドル類が嗅覚を用いているかどうかはわかっていない）。カササギも硫化メルカプタンの臭いに反応したという研究があるらしい。

他に採餌に嗅覚を用いているのがわかっているのは、アホウドリの仲間（古い言い方で言えば管鼻目）である。この中でフルマカモメやウミツバメ類、ミズナギドリ類が、餌の匂いを探知して飛ぶことが知られている。彼らは海上を放浪して餌を探す鳥だが、オキアミの匂いを追って飛ぶことができる（オキアミのいるところには魚が集まって来るし、オキアミそのものも鳥の餌になり得る）。またミズナギドリ類は自分の巣穴の匂いを覚えていると考えられる。以前、オオミズナギドリの調査を手伝ったことがあるのだが、巣の中にいるところを捕獲して標識した後、別の巣穴に入れようとすると「イヤイヤ」と首を振って後ずさりしてしまう。あれは巣穴の匂いで「これは自分の巣じゃない」と判断していたのだろう。キジ科でも毒草の臭いを覚えている例が発見されている。

また、古くから研究がある例としては、ドバトが嗅覚を用いて帰巣しているのでは？というものがある。面白い実験を紹介しよう。

まず、ドバト（伝書バト）を小屋の中で飼育するのだが、この時に常に右からテレピン油、左からオリーブ油の匂いが漂って来るようにして、「東はオリーブ油の匂いがする方、西はテレピン油の匂いがする方」と覚えさせる。ここまで仕込んでおいて、ハトを東あるいは西へ飛ばなければ巣箱に帰れない場所へ連れて行く。そして、ハトの片側の鼻孔に、オリーブ油あるいはテレピン油を垂らしておくのだ。例えば右鼻がオリーブ油を探知した場合、ハトは「あ、右が東だ」と判断して進行方向を調整する。ところが進路を変えても右からオリーブ油の匂いがする……つまり「東は右の方だぞ」という情報が来てしまうため、ハトはぐるぐると円を描いて飛ぶことになる。つまり、特定の匂いと方角が関連づけられる情況であれば、ハトは匂いをナビゲーションに組み込むこともできるのだ。

近年の研究で面白いのは尾脂腺（註1）の臭いが同種の存在を知

る手がかりになっているかもしれない、という例である。ヨーロッパコマドリの雄は、同種雄の尾脂腺の臭いを感知しただけで敵対的行動をとる。

とまあ、こういう具合で、「全ての鳥が、全く鼻が利かない」というのは間違いである。しかしイヌやネコのように嗅覚を主体にして世界を認知している、というわけではないようだし、多種多様な匂いを嗅ぎ取れるかどうかもわかっていない。ヒメコンドルが持っているのは、硫化メルカプタンが結合した時だけピコーン！と信号が流れる、ガス検知器みたいな感覚かもしれない**（註2）**。ただ、ハトの例からすると、意外に様々な匂い物質を探知して航法に用いることもできそうな気がするのだが。

一方、カラスも含む多くの鳥の餌探知が視覚に頼っているのも確かである。ワタリガラスは薄く雪に埋もれた死骸すら発見できなかった例がある。ハシブトガラスも嗅覚を用いればすぐ判断できそうな餌を見つけることができない。解剖学的にも、（鳥の嗅覚は意外といいかも、という目で見ても）やはり嗅覚が優れているとは考えにくいという。こういった事から考えて、カラスは「ゴミの匂いをかぎつけて飛んで来る」といったものではないだろう、という結論は同じである。

註1【尾脂腺】 鳥の尾羽の付け根にある分泌腺。油脂を分泌しており、鳥は羽づくろいしながら尾脂を羽毛に塗りつけている。防水効果があるとされてきたが、最近の研究で「羽毛の構造自体が撥水性だよ」説も出て来た。しかし、脱脂した羽毛を水につけるとすぐ水浸しになるのも事実。

註2【多種多様な匂い】 受容体が匂い物質を捉え、「結合しました!」と脳に信号を送ることで「匂い」を検出する。受容体には様々なものがあり、結合する相手が決まっている。似た形の物質には結合できるが、何にでも反応するわけではない。受容体はヒトで300種あまり、マウスで1000種を超える。我々は異なる受容体からの刺激の組み合わせパターンによって「*の臭い」を判断しているわけだ。

視覚編

鳥類は非常に大きな目を持った動物である。鳥の頭骨を見ると、巨大な眼窩《がんか》が目に付く。頭骨の上から下まで使い切るほどの大きさである。幅も全部使い切っており、左右の目の間は紙のように薄い骨1枚で隔てられているにすぎない。これほど巨大な目を意味もなく持っているとは思えないが、実際のところ、鳥はどのくらい目が良いのだろうか？

鳥に視力検査を受けさせることはできないが、視力は2点分解能として計ることができる。二つの点を接近させて行った時、どこまで2点に見えるか、どこから一つの点に見えてしまうか、が2点分解能だ。そこで、「見せられたのが2点ならボタンをつつく、1点ならつつかない。正解したらご褒美が出て来る」といったルールを覚えさせれば、動物相手でも視力検査が可能である。網膜の解剖学的所見などからも、ある程度は類推できる。

さて、その結果をざっと眺めると、まず結果がバラバラなのに驚く。ここはうんと控えめに、視力が悪いとしている方の研究を挙げると、例えばニワトリの視力は1・0あるかどうかで、人間の方が良いくらいだ。ハトやスズメなど身近な鳥も、実は人間と同程度のものが多い（もっとも、他の多くの動物と比較すると抜群に良い）。圧倒的に良いのはやはり猛禽類で、3・0から5・0という、ちょっとした双眼鏡並みの視力を誇る**（註1）**。一般に目があまり良くないのはキジやカモといった、動き回る獲物を追尾して捕らえたりしない鳥である。カラス科はというと、鳥の中では中庸。人間と同等くらいだ。

鳥の種類にもよるだろうが、一般に人間より優れているのは時間分解能、つまり高速で動くものを捉える能力だ。人間の目にはブレてしまって何だかわ

▼ちょっとつくってみるだけだったパラパラ漫画も徹夜作業

からなくても、鳥にはちゃんと見えている。これを計る指標の一つが臨界周波数と言って、秒間何回まで点滅がわかるか、というものである。ヒトの場合、せいぜい50回／秒あたりで点滅が認識できなくなり、連続した光と感じるようになる。これを利用しているのが動画で、残像が残っている間に次のコマを見せることで、連続した動きだと認識させている。

一方、鳥の臨界周波数は100回／秒にも達する。もちろん、高速で飛びながら周囲を見て判断するためだ。寄生獣に襲われても、すごいスピードで変形しながら動いているのが見切れる、と思う**（註2）**。また、網膜の構造から視野に写った対象物のわずかな動きでも検知できると考えられている。

ただし、鳥の眼球はあまりに大きすぎて動かす余地がほとんどないため、両眼を前に向けるのは苦手だ。そして、眼が顔の横の方にあるため、眼球にとっての「真正面」はかなり横を向いている。カラスに限らず、鳥が左右に首を振っているのは、右目と左目で交互にしっかり見るためである。ハシブトガラスはしばしば、樹上から首を伸ばして首を左右にひねりながら下を見ている。嘴の向いている方向と見たい方向がだいぶズレているのだ（**註3**）。ちなみに、両眼視しなくても距離感が全く掴めないということはないのだが（眼筋の緊張や、対象物の見え方によっても判断できる）、片目で見ただけでは情報の一部が欠落する恐れがある。形の把握、色の把握、奥行きの把握などは脳内の別の場所で同時並行で処理され、最後に情報が統合される。ところが、脊椎動物の脳では視神経交差といって、右目の視神経は左脳、左目の視神経は右脳に行く。脳の右半分と左半分が視覚の生情報を共有してくれれば良いのだが、鳥は右脳と左脳の分断が著しいので、右目で見た情報はほとんど左脳だけ、左目で見た情報はほとんど右脳だけで処理されてしまう。そのため、片目だけで見た景色からは、完全な情報を得ることができない。ニワトリを用いた実験によると、餌の置き場所を片目だけで見させた場合、目印の情報の一部が把握できない（そしてそのために餌の場所を間違う）場合があったという。だから、鳥は常にキョロキョロしているのだ。

鳥は色彩分解能も高い。人間には同じに見える色でも、鳥には見分けられる場合がある。その理由の一つとして、鳥の視細胞にある油滴が挙げられる。油滴には色がついており、カラーフィルターとして機能していると考えられている。これによって、原色がより鮮やかに見えているかもしれない、という指摘がある。

我々の色覚はRGB、赤緑青の3原色だ。面白いことにヒトの色覚が3原色になったのは偶然で、原猿類（キツネザルの仲間）は他のほとんどの哺乳類と同じく、2原色型の色彩感覚を持っている。その中から3原色型を新たに進化させたのが真猿類（キツネザル以外のサル）だ。ヒトもこのタイプの視覚を受け継いでいるため、赤、緑、青の各波長に反応する3タイプの視細胞がある。

鳥の場合、赤緑青に加えて近紫外線領域に感受性のピークを持つ感色細胞を持っている**（註4）**。ということは、鳥の視覚は「紫外線色」を加えた4原色型なのだ。この結果、鳥の見る色合いはヒトよりもきめ細かいのではないか、とも推測されている。

鳥のように人間よりも広い範囲の色が見える場合、色彩の認知はどうなっているのだろう。考え方は二つある。一つは人間には認識し得ない「紫外線色」が紫の向こうに存在するという可能性だ。この場合、我々は紫外線色を想像することすらできないし、紫外線色を含む色相というものも想像できない。もう一つは、色は我々と同じように赤から紫のグラデーションに収まっているのだが、各色の区切りが少しずれているので紫外線領域まで収まる、という考え方である。この考え方に基づけば、鳥にとって紫とは紫外線付近であり、青紫がヒトにとっての紫となる。いずれにせよ、鳥とヒトでは色の見え方が違っている可能性がある

ところで、紫外線が見えるということは、人間には見えないシグナルも紫外線を使って送受信できるということだ。例えば花を紫外線で見ると、花の中心に向かって放射状の模様があったり、明確に濃淡がついていたりすることがある。これは訪花性の昆虫（昆虫は一般的に紫外線が見える）に対して「ここに着陸せよ」と指示するための滑走路サインであり、「おいしい蜜がありますよ」という広告看板だ。また、モンシロチョウは可視光線で見る限り雌雄を区別しにくいが、雄は紫外線を反射せず、雌は反射している。だから紫外線カメラで撮影すると、雄は真っ黒、雌は真っ白に写る**（註5）**。

では鳥は紫外線をどのように使っているのだろうか。最初に考察された例の一つは、「チョウゲンボウ（小型のハヤブサの仲間）にはハタネズミのトイレが見える」というものだ。ハタネズミは草原に住む野ネズミの一種だが、マーキングを兼ねて巣穴の外で

糞や尿を排泄することがある。この排泄の痕跡が紫外線を反射するので、チョウゲンボウは草原の上を飛びながら紫外線の反射を探し、効率よく狩りを行っていると考えられた。ただし、後の研究によると、猛禽類のUVシトクローム（紫外線波長に感受性のある感色素）はしばしば、もう少し長い波長に反応するように変化しており、紫外線があまり見えない可能性がある。また、ハタネズミの排泄跡にしても、背景と比べて上空から明瞭に見えるほどの痕跡は残さないとする議論もある。この辺り、毎年のように新たな研究や仮説が出て来るので、うっかり本に書こうとすると非常に困るのである（**註6**）。

ヒトには見えない紫外線警告色もあるかも、というアイディアもあった。だが、シジュウカラを用い

た実験によると、鳥は紫外線標識を警告として覚えることが苦手らしい。それどころか、論文を見る限り、紫外線標識を付けた餌を見ると「わーい！　おいしそうだー！」と飛びついてしまう傾向さえあるように見える。この研究では、自然界で紫外線を反射しているものはだいたい果実や昆虫など餌になるものであり、「紫外線反射＝いいもの」という図式が出来上がっていて、その逆を覚えるのが難しいのではないか、という考察がなされている。

さて、「カラス被害を防ぐ黄色いゴミ袋」を見かけることがあるが、このゴミ袋がカラス被害を防ぐという根拠は二つある。一つは、鳥の目は油滴によって原色が強化されるという理由だ。このため、人間には半透明黄色に見える袋が、鳥には真っ黄色で中身が見えないだろう、というわけだ。

もう一つは、紫外線反射の除去だ。袋の成分は公表されていないが、日焼け止めと同様、酸化チタンなどを使えば紫外線を吸収できる。そうすると、袋の中身は鳥にとって「紫外線色」が取り除かれた色に見える。試しにA5ランク神戸牛サーロインの写真を加工して赤色を消去してみたところ、非常に気持ち悪い色、というか、庭石か何かにしか見えないものが出来上がった。確かに色を変えられると、そもそも食べ物に見えない。これが、カラスがゴミを荒らさなくなる、とされている理由である。

ただし、最初から紫外線を反射していないものの場合、紫外線をカットしても見え方は変わらない。草山太一、森下英美子と共同で行った研究で、森下さんが食品見本をカラスに見せたことがあるのだが、不思議なことにポテトフライには騙されるのに豚肉だと本物をちゃんと見分けてしまうという。二人で首をひねっていると横から「紫外線じゃないの」と言われ「それだー!」と思って調べてみた。するとポテトフライは本物でも紫外線反射が小さいのに対し、本物の豚肉の脂身部分は紫外線反射が強いことがわかった。食品見本はどちらも、紫外線を反射しない。人間相手の見本だから、紫外線領域までは再現していなかったわけだ。紫外線反射の遮断は、中身によって効果が変わるかもしれない。また、「とりあえず袋を破ってみる」という手を使われると効果がなくなる。

いずれにせよ、黄色であること自体には特に意味はないので、「カラスは黄色が嫌い」「カラスには黄色が見えない」といった謳い文句がついた商品があったら、眉に唾をつけた方が良いだろう。

◀大きな瞳には定評があります

さて、鳥目という言葉がある。鳥の視細胞は錐体細胞の割合が多いのであまり暗視能力は高くないが（註7）、目が大きいだけあって集光力は決して低くはなく、ヒトに「鳥目」呼ばわりされるほど見えないわけではないようだ。実際、日常的に夜間に行動している鳥もある。例えばカモ類は夜の間に田んぼに来ていたり、大都市の護岸された河川に来ていたりする（高い堤防で囲われた水路は人間の立ち入らない聖域でもあるのだ）。サギの中ではゴイサギやミゾゴイが夜行性だが、アオサギやコサギだって夜間行動している事はある。小鳥の中には夜間に渡りをするものもいる。夜の方が風の具合が良かったり、天敵が少なかったりするからだ。

ただ、そのような小鳥の中には、渡りのシーズンになると視覚が変化し、夜間モードになる種が見つかっている。普段は夜行性というほどの能力ではなく、渡りの間だけちょっと頑張って夜間飛行能力を身につけているものもあるようだ。第一、「天敵が少ないから夜間に渡る」というのは、タカやハヤブサが夜間に狩りができない事を示している。チゴハヤブサは薄暮の時間帯にコウモリを捕らえることがあるが、完全な夜間行動能力はない（註8）。少なからぬ鳥が夜は寝ているのは、昼間に比べて採餌効率が落ち、衝突などの危険も増える夜間に活動するよりも、動かずにエネルギー消費を抑えておく方がいい、という理由であろう。やはり、普通の鳥が全力で行動できるのは昼間なのだ。

カラスも基本的に、夜は動かない。夜間でもねぐらを移動した例は知られているので、夜間飛行ができないという事はない。だが、ねぐらや巣の近くに侵入者があったり騒ぎがあったりした時など、驚いて周囲を飛び回ることもある。奈良市の若草山では成人の日に山焼きが行われるが、この夜はカラスにとって受難の日である。普段は静かな参道にねぐらを作っているのだが、この夜ばかりは屋台が立ち並び、観光客がひきもきらず、花火を打ち上げられた上に、目の前の山が燃え出すのだ。山焼きの映像を

◀大変美しい眺めです。
カラスくん以外にはね……

注意深くご覧になると、燃え盛る若草山をバックに逃げ惑うカラスの群れが写っているのが見えるはずだ。大晦日から元旦も、オチオチ寝ていられない日である。春日大社を筆頭に神社仏閣には事欠かず、参拝者が途絶えない（註9）。

朝、カラスが行動を始めるのは夜明けの1時間ほど前だ。ヒトの目には暗い間からゴミ箱の上の電線に飛来しているが、地上に降りて来ることはない。恐らく、地上の暗がりに潜む捕食者（哺乳類の多くは夜間も行動できる）を警戒しているのだと考えられる。15年ほど前には「カラスがどんどん増えて、渋谷あたりでは夜も見かける！ そのうち夜行性に！」なんておハナシもあったが、今もって夜間に採餌するカラスは観察されていない。餌に困ったとしてもカラスが夜行性になる可能性は極めて低そうである。「夜も見かける」のは単に、その辺で寝ているか、夜間に移動しているカラスがいただけのことだろう。ツバメは人工の照明を利用して夜間も採餌している事があるが、これに比べるとカラスは意外と保守的である。

もう一つ。鳥は瞬間的なパターン認識が極めて得意だ。また、ヒトならば見過ごすような細かい特徴を、写真のように覚えている可能性がある。

例えば、条件付け学習実験において、絶対に識別できなさそうな課題をハトが易々と解いてしまった例があるという(註1-0)。実はハトは課題を解いていたのではなく、箱についたわずかな汚れのパターンを見て「正解の入った箱」を記憶していたのである。

このようなパターン認識の鋭さは、恐らく、上空から地上を見下ろしながら飛ぶ能力や、星空を見上げて方角を知る能力と関連しているのだろう。渡り鳥は日中、太陽を見て方角を知る。太陽は移動するので時計も必要だが、体内時計を使って方角を修正している。夜になると星空の回転を見て北の方角を見定める。北半球ならば北極星を探せば良いが、南半球には回転軸を示す適当な星がない。この場合、鳥は数時間前に見た星座のパターンと今見えている星座のパターンを比較し、何もない虚空に回転中心を見つけ出す。それが南だ。人間には星座早見板を回転させなければ理解できないが、鳥は無意識のうちに行える。

このような、人間に勝ることはあってもまずまず劣りはしない2点分解能、紫外線領域にまで及ぶ色覚、人間を凌ぐ高速画像処理やパターン検出能力によって支えられている世界、それが鳥の視覚世界である。

註1【双眼鏡なみの視力】 W・Mハーメニングらの研究による。鳥類を広くレビューしているのでこの論文に挙げられた数値を参考にしてみたが、「いや、猛禽はヒトの7~8倍見える」という異論も多いので、全般にもっと良い可能性もある（「見える」が何を指すのか微妙だが）。印象としてカラスは人間より目が良いような気もするのだが、「目の良さ」を決めるのは2点分解能だけではなく、色彩分解能や輪郭の把握、動きの検出能力なども重要なのだろう。

註2【寄生獣に襲われても】『寄生獣』（岩明均／講談社）はクールでお茶目な「口だけ頭」が、地球に寄生する人類という悪者を食い尽くそうとする物語である。え？　全然違う？　考えてみたら時間分解能が高くても、避けられる運動能力があるとは限らない。自分がやられる情況が克明に見えているだけ、ってのもイヤだな。

註3【見たい方向がだいぶズレている】 サンカノゴイやヨシゴイは外敵に出会うと、目を思いっきり下に向けて嘴を空に向ける。そうすると、自分の下顎ごしに「前」が両眼視できる。首を伸ばしてアシや枝に擬態したまま敵を監視できるのだ。前から見るとまん丸な目ん玉が飛び出して、アメリカのアニメに出てくるキャラみたいである。

註4【近紫外線領域に感受性のピークを持つ感色細胞】 鳥だけでなく爬虫類も紫外線が見えるものが多いようだ。哺乳類には近赤外線が見えるものもある。ただし、いずれもヒトの可視光領域より多少広い範囲が見える程度で、かけ離れた領域は見えない。マムシやニシキヘビの仲

間は飛び抜けて波長の長い遠赤外線を探知できるが、そのためにピット器官という専用の感覚器を使っている。これは非常に鋭敏な赤外線探知機で、哺乳類の体温程度の物体が放射する遠赤外線を「見分ける」ことができる。だが、数年前に発表された研究によると熱感覚は視覚とは独立しており、むしろ触覚に近いのでは？とされている。「熱に触れて餌を探知する」とは、ヒトには何とも理解しにくい。

註5【雄は真っ黒、雌は真っ白】 鳥の羽毛も紫外線を反射している例があり、我々の目に見えない色や模様が、鳥同士には見えているようだ。ただ、今までにわかっている範囲では、カラスの羽は紫外線で見ても黒い。

註6【新たな研究や仮説】 科学の基本は「納得の行く根拠や証拠さえあれば、その仮説を採用する」である。明日にでもネイチャーだかサイエンスだかに「猛禽、実は紫外線がバッチリ見えていた」というような論文が出て、申し分なく納得してしまった場合、速攻で「猛禽も紫外線が見える」と原稿を書き換える用意がある。

註7【錐体細胞】 網膜の視細胞には錐体細胞と桿《かん》細胞がある。錐体細胞は色を感じることができる代わりに、ある程度強い光でないと作動しない。桿細胞は明暗しか判断できない代わりに、弱い光でも作動する。動物によって錐体細胞と桿細胞の割合が違い、一般に夜行性の動物は桿細胞が多い。錐体細胞が多いと色彩がはっきりわかるが、暗くなるとモノが見えにくくなる。桿細胞が多いと暗くてもよく見えるが、どんな条件であれ色がよくわからない。哺乳類は夜行

性の生物として進化する過程で錐体細胞の数を減らし、その結果、4原色型の先祖が持っていた感色細胞のうち2種を失って2原色型になったと考えられている。

註8【完全な夜間行動能力】 夜の空をコウモリが支配しているのは、夜間に昆虫やコウモリを捕らえるほどの能力を持った鳥がほとんどいないからである。小型のコウモリが昼の空に進出しようにも、既に餌となる昆虫をめぐるライバルであり、時に天敵ともなる鳥類が空を支配していたのだろう。コウモリが見つけた「空き地」が夜間飛行だったわけだ。

註9【神社仏閣には事欠かず】 私の実家あたりでは除夜の鐘が5、6箇所から聞こえる。どれだけ煩悩があっても大丈夫である。

註10【ハトが易々と解いてしまった】 ハトは意外と、いろいろやってくれる。渡辺茂による『ピカソを見わけるハト』（NHKブックス）、『鳥脳力』（化学同人）などに詳しい。

聴覚編

鳥は耳のいい動物だ。哺乳類のような耳殻《みみたぶ》がない上、羽毛に隠れているので外からは見えないが、目の後ろに耳孔がある。場所としてはトカゲなどと同じだ。

哺乳類の耳の中には槌骨《つちこつ》、砧骨《きぬたこつ》、鐙骨《あぶみこつ》という3つの耳小骨があり、鼓膜の震動を増幅して内耳に伝える。そのため、非常に小さな音も聞くことができる。3つの耳小骨は哺乳類に特有なものだが、もとになったのは爬虫類の下顎にある小さな骨である。哺乳類は顎の関節の構造がわずかに変化したために、顎関節部にあった小さな骨たちが行き場を失い、上顎に移動した挙げ句に耳小骨になったのだ。鳥にはこのような変化が起こらなかったので、耳小骨を持っていない。

にも関わらず、鳥の耳の感度は極めて高い。これは高密度で生えた感覚毛のせいだと考えられる。鳥の内耳には様々な形の感覚毛が生えており、鋭敏に震動を感知する。ヒトの内耳の感覚毛は破損すると再生しないが（大きな音を聞きすぎたり、年をとったりすると音が聞こえにくくなるのはそのせいだ）、鳥の場合は再生する。ただ、「小さな音が聞こえる」という意味では、一般に人間の方が少し敏感である。周波数の変化に対する敏感さも、（少なくとも人間と比べて）常に格別に敏感というわけではないようだ。鳥が人より敏感なのは、音の時間変化である。鳥はリズムやタイミングに対して、採点マシン並みに厳しい聴き手なわけだ。

スズメ目の鳥の可聴範囲は、40デシベル（かなり小さな音だ）の音量で聞こえるかどうか？　を基準にすると、だいたい500から1万ヘルツくらい。この条件なら低音・高音ともヒトの方がよく聞こえる。哺乳類の可聴範囲は広いのだ。小鳥に一番よく聞こえる音の高さは1キロヘルツから5キロヘルツで**（註1）**、音声もだいたいこの辺りに収まっている。人間の声よりは高いが、我々にとっても聴き取りやすい範囲だろう。

一般に小型の動物は震動部が小さく薄い上、共鳴部分も短いために音声が高くなりがちだ。それを考えると、体重が3ケタも違う小鳥とヒトが似通った高さの音声を出し、ほぼ同じ周波数帯の音を聴くことができるのは、ちょっと驚きである。

音声の目的は情報を伝達することだから、相手のところまで届かなくてはいけない。だが、周波数によって音の届きやすさは異なる。一般に、周波数の低い音は指向性に乏しく、音源を探知しにくい。その代わり、障害物に跳ね返されることなく広い範囲に届く。高周波の音はエネルギー密度が高く聞きやすいが、指向性が強いので障害物があると遮られる（註2）。また周囲の環境によって、適した周波数帯は変化する。森林においては、小枝や葉っぱをうまく回り込んだり、隙間をスリ抜けたりする周波数がよく届く。周波数が高すぎても低すぎても減衰してしまって遠くに届かない。平原では風にかき消されないような音が有利だと言われており、複数の周波数を重ねたノイズのような音が強いという説がある。

ハシブトガラスの声は基底周波数の上に倍音がいくつも重なった構造をしている。人間の声も声帯の震動で基本になる音を作った後、発声までに特定の

◀ぼくの自慢はこの周波数

周波数帯が共鳴して倍音を作り出し、いくつかのピークが混じった状態になっているが、ハシブトガラスの声は倍音構造が非常に明確だ。恐らく、森林でもよく届き、しかも音源定位のしやすい音響構造だと思われる。それでも足りないのか、ハシブトガラスは移動した直後、止まり場の上で翼を持ち上げて振りながら「アーア〜〜ア〜〜」と特有の声で鳴くことがある。恐らく、パートナーに居場所を教えるためなのだろう。

これに対し、ハシボソガラスの場合は倍音構造が不明瞭で周波数の幅が広く、よりホワイトノイズに近い。障害物が少なく、風の強い平原に向いた声と言えるかもしれない。

多くの鳥はさえずる。英語ではsongなので、歌と呼ぶこともある。分類群で言えば「さえずる」鳥はスズメ目、ハチドリ目、オウム目だけなのだが、種数にすると鳥の半分を軽く超える。

さえずりとは、求愛や縄張り宣言のために用いられる音声のことだ。鳥の「さえずり」は非常に複雑なものだが、これは生得的な行動と学習が組合わさった結果である。ジュウシマツがよく研究されているので、少し紹介しておこう**（註3）**。

ジュウシマツの「歌」はいくつかのフレーズが組合わさっており、フレーズはチャンクからなる。チャンクはいくつかの音素で出来ている。単音を組み合わせてメロディを作り、Aメロ、Bメロ、サビ、Bメロで歌になる、というようなものだ。

ジュウシマツの雛を1羽で育てても、さえずりを構成する音を出すことはできる。フレーズの切れ端、くらいまではできることもある。だが、これを正しく配列して「ジュウシマツの歌」にすることはできない。学習が必要なのだ。

ジュウシマツは雛の時に親鳥の歌を聞いて、お手本とすべき歌を記憶する。そして、自分が歌えるようになると、小声でグジュグジュと練習を始める。日本語ではこの状態を「ぐぜり」とか「ぐぜり鳴き」と呼んでいる。この未完成の歌を記憶の中のお手本と比較し、また練習して、だんだんうまくなる。こうして歌ができあがることをクリスタライズ（結晶化）と呼ぶ。

ジュウシマツを含め、多くの鳥では自分の種の歌を覚える期間（感受期）が限られている。大人になって何か歌を聞いたとしても、その歌を覚えてお手本にしてしまうことはない。雛のうちは父親の歌が一番聞く機会が多く、声も大きく聞こえるだろうから、自動的にこれを手本とするわけだ。それだけではなく、ジュウシマツの雛は、生得的に聞くべき歌をある程度は絞っていると考えられる。全然関係ない物音やさえずりは耳に入っていないのだろう。

さて、夏の終わりに若いハシブトガラスが「自主トレーニング」していることがある。カラスも雛のうちは「ぐわあ」といった、親とは違う声を出している。夏の終わりになるとそれなりにカラスっぽい声を出せるようになるが、ちょうどこの時期に、一人で様々な鳴き声を試している姿を見る事がある。全く脈絡なく、情況や行動とは関係なしに「カア、カア、カア、カーカア～～カア～　カアカアカアカアガラララ」みたいな声を出す。まるで発声や滑舌の練習だ。他のカラスが近くにいる時は、あまりやらない。これに誰かが返事をするというのも観察

▲お風呂場なら安心して熱唱できる

したことがない。恐らく、単なる練習であって、コミュニケーションとしての意味は持っていないのだろうと思われる。それどころか、人間が見ているのに気づくと「あ、いけね」とやめてしまう事もしばしばある。風呂の中でつい熱唱してしまっているようなものだろうか。

このようにカラスも聞き覚えた音を手本に練習して音声を発するようになると考えられる。これは、さえずりのメカニズムと恐らく同一である。歌とは呼べないような声しか出さなくても、カラスが「ソング・バード」の一員とされる理由はここにある。飼育されたカラスが人の言葉を覚える理由の一つも、ここにあるのだろう。特に雛のうちから飼育された場合、親代わりである飼い主の音声を聞き覚えるだろうからだ。

ところで、ジュウシマツでは歌を記憶する感受期が雛の時期に限られていると書いたが、全ての鳥で雛限定というわけではない。物真似をする鳥は成長してからも歌のレパートリーを増やすことができる。オウムやカラスもこの部類で、成長してからでも人間の言葉を覚えて真似ることができる。

ジョン・マーズラフ（マーツルフと訳されることもある）は著書『世界一賢い鳥、カラスの科学』(河出書房新社)の中でカラスの興味深い行動事例を検討し、少なくともいくつかの例では、カラスが単語の意味を理解して音声を発したと結論している(註4)。この意見に完全に賛成するわけではないが、特定の、しかも個体レベルで特異的な音声が、伝える相手や情況を限定した使われ方をしているかもしれない、という点には同意する。要するに自分だけしか使わない信号や、身内の間でだけ通じる符丁のようなものがあるかもしれない、という事である。

オーストリアの動物行動学者、コンラート・ローレンツはロアというワタリガラスを飼っていた。そして、「ロア」という呼びかけが特殊な意味を持っていることを、カラス自身が理解していたのだろう、と推測している。ローレンツが外に散歩に行くとロアが飛びながらついて来ることがしばしばあったそうだが、ロアが非常に嫌な思いをした場所に向かおうとすると、突如として「ロア、ロア」と鳴きながら急降下し、ローレンツに「こっちに来い」というながしたという。「そのような危険な場所に私がとどまっていることすら、みていられなかったのだ」とローレンツは書いている。しかも普段は決して「ロア」と鳴くことはなかったという。

これを「自分の名前だと理解していた」と考えるのは少し飛躍があるが、少なくともローレンツという、極めて近しい関係にある他個体との間でのみ通じる符丁としていた、という可能性はあるだろう。例えば、ロアに何かをくれる時や何かをさせたい時、あるいは叱る時に「ロア」と呼びかけていれば、相手に何らかの行動を起こさせる符丁として理解されることは、ありそうに思う。また、縄張り宣言のように受信者を特定しない信号ではなく、ロアとローレンツの間でのみ通じる信号として、ローレンツ個人に向けられた「合い言葉」であった可能性もあるだろう。

実際、私がカラスの鳴き真似をすると、カラスの方もこちらの鳴き真似をして返して来ることがある。恐らく、相手の声を真似ることで、「お前の声を聞いて返事しているぞ」というメッセージを込めることができるのではないか、と想像している。

さて、カラスは多彩な音声を操る。シートンは「動物記」の中で「銀の星(シルバースポット)」という老練なカラスが群れを率いる様を描き、「まっすぐついて来い」「猟銃だ！」「アカオノスリだ！　集まれ！」などの「号令」があると書いている。この逸話については若干、言いたいところはあるのだが（註5）、少なくとも彼らが音声を出し分けることで、情報を他個体に知らせているのは確かである。日本でもハシブトガラスの音声が少なくとも17種類ある、としていた論文がある。

ただ、現代の自然科学においては、客観的かつ定量的に定義された分類を使わないと、音声の数を数えるのは難しいだろう。「カア。カア。カア」と「カア、カア、カア」と「カアカアカア」の違いは文字で書いてもなんとなくわかるが、科学的に扱うには、音声を録音して周波数の変化や発声時間を計測した上で定義しなくてはいけない。また、先の三つの声は繰り返しのペースが違うだけだが、さて、これは違う音声か、それとも同じ音声を早口で言っただけか？　違うなら、どの速さを境界線とすべきだろうか？　この辺をクリアするのは、そんなに簡単なことではない。

その上で言うなら、カラスの音声もいくつかは人間に理解できる。ハシブトガラスが繁殖期の初期に「コ……　コカッ　コカッ」と鳴きながら左右にサイドステップを踏んでいるのは、恐らく求愛だろう。抱卵中の雌のために餌を持って戻って来た時には、「カラララ……　コロロロ……」という、うがいのような音声（相手に餌を与える時や、雌雄でイチャついている時にこの声を出すようだ）の他、「オッアッ」というようなくぐもった声を出すこともある。くぐもっている理由の一つは、恐らく、喉一杯に餌を詰め込んでいるせいだ。このような音声は比較的、行動と一対一の対応がつけやすく、まだしも意味が推測できる。何だかわからない声を出している上に、何をしているとも言いにくい場合の方がよっぽど多いのだけれども。

なお最近の研究ではクリボウシマルハシという鳥が、音声の組み合わせ方によって、信号の意味を変化させる例が見つかっている。これは動物の音声としては非常に珍し

◀七色の声を持つ

い。固い言い方をすれば、有限の要素を組み合わせることで無限の情報を発信できる可能性があるということだ。カラスの音声も、従来考えられたより複雑な構造を持っている可能性も、一概に否定はできない。

註1【1キロヘルツから5キロヘルツ】 ただし、いくつかの鳥では、数ヘルツという低周波が聞こえるという研究がある。このような低周波は山に当たる風や、海岸に打ち寄せる波が作り出す場合がある。渡り鳥はこの音を聞いて、進路を定める手がかりにしているという説がある。これが事実なら、鳥は風の声を聞いて飛んでいるのだ。

註2【障害物があると遮られる】 電波の周波数と同じである。レーダー電波は周波数が高く、直進性や解像度に優れる。まっすぐ進み、何かに当たるときれいに跳ね返ってくるからこそ、レーダーは対象物を捉えられるのだ。一方、携帯電話に最適化された電波はもっと周波数が低いため、ビルなどがあっても遮蔽されにくい。レーダーの中でも広域を大雑把に監視するか、敵機を捕捉して射撃管制を行うか、空気中のチリの動きさえ捉えて風向きを解析するかなど、目的によって周波数は違う。

註3【ジュウシマツがよく研究されている】 ジュウシマツは中国に分布するコシジロキンパラを家禽化したもので、江戸時代に日本にもたらされた。もともと歌を学習する機能はあったのだが、250年にわたる飼育下でさらに磨きをかけたと考えられている。詳細は岡ノ谷一夫らの一連の研究や著作に詳しい。

註4【単語の意味を理解して】 本当に言葉の意味を理解したと考えられている例として、ヨウムのアレックスがある。ヨウム（洋鵡）というのはアフリカ産のインコの一種で、物真似がうまいので有名。オウムの誤植ではない。

アレックスはアイリーン・ペッパーバーグという研究者に飼われていた個体だが、英語を理解したと言われている。それだけでなく、「三角形の鍵は何色?」と聞かれて「黄色」と答えるなど、対象の属性や抽象概念、さらに数の概念も操ることができたという。一連の研究は『Alex study』として出版されており、邦訳は『アレックス・スタディ』(共立出版)。もう少しエッセイ風の『アレックスと私』(幻冬舎)もある。

註5【若干、言いたいところ】 銃を持っている時の警戒音声について、「銃」という固有名詞は存在しなくても良いような。単純に「すぐ逃げろ」という最大級の警戒音と考えるだけで説明としては十分だろう。

アカオノスリに対しては集合することで防衛しているが、敵に応じて警戒音と対処法を使い分ける例はある。例えば、サバンナモンキーは猛禽を発見した時とヒョウを発見した時で警戒音が違う。「猛禽だ!」という声を聞くと藪に飛び込み、「ヒョウだ!」という声を聞くと樹上に駆け登る。また、立教大学(当時)の鈴木俊貴の研究によると、シジュウカラの警戒音も2種類ある。シジュウカラは樹洞に営巣しているが、親が「チカチカ」と鳴くと雛は巣穴の底にうずくまり、「ジャジャジャ」と鳴くと巣の外へ飛び出す。前者はカラスのような、上から雛をさらいに来る捕食者に対する警戒音で、頭を下げて伏せていればやり過ごせる可能性がある。後者はヘビのように、巣穴の中まで入って来る捕食者に対する警戒音である。巣から飛び出すのも危険ではあるが、じっとしていて確実に食われるよりはマシだ。

もう一つ気になるのは銀の星が群れを「率い

ていた」という表現だが、恐らく、集団繁殖に近い行動をとっていたのだろう。アメリカガラスはヘルパーがつくなどの例があり、ハシブトやハシボソよりも集団性が強い。もっとも、個人的にはシートン氏が考えたよりは、カラスの行動はフリーダムで無責任なものだと思うのだが。

シートンの慧眼はカラスの音声を音譜を使って表現したことだ。精度はいささか粗いかもしれないが、少なくとも文字で書くよりも再現性はずっと高い。

四時間目
脳トレの時間

「カラスって賢いんですよね」とはしょっちゅう言われる言葉だ。だが「賢い」って一体なんだろう。「カラスは賢いから」で止めてしまわず、カラスの脳や知能的な行動をもう少し詳しく見てみよう。

鳥アタマよ、さらば

かつて、鳥アタマといえば物忘れの激しいことの代名詞だった。3歩歩けば忘れる、というアレだ。実際、鳥の脳はあまり大きくないし、見た目はつるんつるん。ニンゲンは大脳に皺があって面積を増やしているから賢いんですよ、という話を聞いた事がないだろうか。ならば、つるんつるんの鳥の脳なんて大したことがなさそうだ。

というのが、数十年前までの鳥の脳に関する一般常識であった。だが、鳥類に関する数々の実験や、解剖学的な知見から、鳥の脳は哺乳類とはいささか違う構造を持つことがわかってきている。大脳、中脳、小脳といった大きな配列は共通しているが、脳細胞の数の稼ぎ方が違う。哺乳類の脳細胞は皮質、すなわち脳の表面にあるため、皺を増やして表面積を増大させせなくてはならなかった。だが、鳥の脳細胞は脳の中の線条体という構造に詰まっていて、表面積に頼る必要がない。だから、小さくても、つるんつるんでも、細胞の数が少ないとか、構造が単純だとは言えないわけだ。

カラスの「頭の良さ」を示す指標として「脳化指数で言えばカラスの脳はイヌよりも大きい」といった表現を時折見かける。脳化指数というのは、体重に対する脳の重さを標準化したものだ。なぜなら、単純に「脳が大きいほど良い」としてしまうと、ゾウやクジラのような巨大な動物は放っておいても大きな脳を持つかもしれないからである。あくまで「体の割に脳がデカい」方が頭が良さそうだ、というのは納得できる。

ところが、ここで疑問。ヒトとチンパンジーのように体の構造がそれなりに似た生物ならば良いが、イヌと鳥を単純に比較して良いものだろうか？　鳥は空を飛ぶために体を軽量化しており、見た目の大きさに対して異常なほど軽い。こういう場合、体重で比較すると鳥に有利にならないか。

また、前述した脳の構造の違いというのもある。構造が違うのだから脳の大きさが同じでも機能が同じ、とは必ずしも言えないだろう。鳥の脳は小さくてもぎっしり詰まっているから高性能かもしれない。

さて、この辺の事を考えると、鳥は軽量ボディによって体重に対する相対的な脳重が大きくなるので、脳化指数は大きめに出るはずだ。つまり「脳化指数ほどアタマは良くない」という事かもしれない。一方で内部までギッチリ詰まった脳の構造により、同じ体積でも哺乳類より高性能、ということもあるかもしれない。すると……あれ？　今度は「脳重の割にアタマがいい」となる。「体重の割に脳が重いけど体が妙に軽いせいだから割り引いて、でも細胞が詰まってるぶん割り増して、結局同じ」になるかも？　だが待て、鳥の脳は小脳が大きく、姿勢制御にずいぶん機能を食われているはずだ。するとやっぱりそんなにアタマがいいとは……。だが小脳の機能はそれだけではないし、姿勢制御だって小脳だけの機能ではない……。

とまあ、話は無限にややこしくなるので、私のような門外漢はあまり深入りしないでおこう。とにか

く、そういう理由で、私はなるべく「カラスは体重の割に脳が大きいからイヌより賢い」といった言い切り方はしないことにしている。

もちろん、比べる相手が同じ鳥ならば（ダチョウやペンギンのような反則技を持って来られると困るが）、ある程度は体重を基準に比較しても大丈夫だろう。この点からすると、カラスやオウムは鳥の中でも体重に対して大きな脳を持つグループである。のみならず、カラスの脳では神経細胞の層状構造が見つかっており、多数の細胞が高速で情報をやり取りできる可能性が指摘されている。また、カラスやオウムは（他の鳥にもあるが）視床下部《ししょうかぶ》と前脳を結ぶ神経回路が発達しており、何度も情報を投げ合うことで予測したり計画したりする事ができるだろう

▲3歩歩くと……

と言われている。単純に言えば、視床下部は「こういうことしたい」という意欲を生み出す所で、前脳は「こうしたら、こうなる」と思考する所だ。「こうしたい↓こうしたら、こうなる↓それイマイチ↓じゃあこうする」というやりとりこそが、予測して計画することの基本というわけだ。

さらに解剖学的な特徴を言えば、線条体が極めて明瞭で細胞がギッチリ詰まっていることや、脳細胞の数自体もニワトリなどと比較して圧倒的に多いことがあげられるだろう（この辺りは宇都宮大学の杉田昭栄らの研究と著作に詳しい）。また、とある発表で小耳に挟んだだけだが、カラスの脳には従来知られていなかった構造もあるかもしれない、とのこと。詳しい機能はまだわかっていないが、何かを

▲物忘れ防止するにはメモするのが一番

処理しているのは確かである。このような基質的な特徴がカラスの情報処理能力を支えているのは、間違いないだろう。

ただし、これは単純に「○○だから、頭がよい」と言えるようなものではない。動物の能力は「その動物に必要なセット」になっているのだ。予測能力は大人なみで数理能力は2歳児なみで語彙は5歳児なみ、なんて能力だったら「何歳児程度の知能」と言えばいいのかわからない。一言でわかりやすく伝えるのが大事なこともあるが、学者が前提条件をクドクドと講釈するのはこういう理由があるからだ。

カラスの知能、再び

カラス＝賢い、という声は多い。だが、何でもかんでも「カラスは賢いから」で済ませてしまうのは、ペヤングの薬味で野菜を食べた気になるくらい手抜きである。学生に「都市になぜ、鳥が住めるのか具体的な例を挙げて述べよ」という課題を出すと「カラスは賢いから」という答えの何と多いことか。ドバトなんてもっとたくさんいるじゃやねえか。あれも賢いのか？　人間の出したゴミを利用するのが賢いなら、スズメもハトもネズミもゴキブリもみんな賢いんだな？　今年からは「賢いから」って書いたら落とすと宣言しようかと思うくらいだ。

確かにカラスは賢いのだが、「賢さ」を計る基準というのは一律ではない。カラスは「驚くほど賢い」と思えることもあれば、「実は馬鹿なんじゃね？」と思うこともある。わざとちょっとひねくれた例を出してみよう。

東京大学（当時）の樋口、森下らが行った研究の一つに、「ハシブトガラスによる煙浴」がある（註1）。東京大学農学部から見える銭湯の煙突にカラスが集まることがあり、この数が妙に増えたり減ったりするので、ビデオ撮影して記録し、解析したという研究である。煙突といっても重油バーナーだから煙がモクモク出るわけではなく、熱気が上がっているという方がいいだろう。さて、さまざまな条件を調べた結果、集まって来るカラスの個体数ときれいに相関があるのはただ一つ、空中湿度であったという。つまり、カラスは湿度が高いと煙突にやって来るのだ。気温との相関はあまり良くないので、「暖をとりに来た」わけではない。おそらく湿気を吸って重くなった羽毛を乾かしていたのだろう、と結論している。

ここまでだと「非常に賢い」という結論になるが、実はカラスが最もたくさん集まったのは空中湿度100％の日、つまり雨の日なのである。そりゃまあ、雨の中なら羽は濡れるだろう。乾かしたくもあろう。だからって雨に当たりながら乾かしてどうする！素直に雨宿りに行って、その後で乾かしに来ればいい（註2）。カラスは「羽が重い→煙突に行こう！」という非常に短絡的な反応をしているだけで、「なぜ濡れるのか」には考えが及んでいないように見える。

もっとも、さらに考えればそんなに不合理でもないのかもしれない。雨が当たるのはわかってるけど、煙突に止まっていれば乾く方が早いから濡れないよー、という現実的な解決ではあるのかもしれない（正直に言えば、可能性として考えただけで私自身もこの仮説はあまり推さないが）。まあ、この辺りの「ズボラなのか合理的なのかわからない」といった行動は、人間にもよくあることではある（註3）。

ところで、鏡像認識という言葉をご存知だろうか。我々は鏡に映る自分の姿を「これは自分だ」と認識できる。鏡の裏側に誰かがいるわけではないし、鏡の中に誰かが住んでいるわけでもないと理解している。これが鏡像認識だ。もちろん生まれつきできる

◀実際にはこんなふうに覗いたりしません

わけではないが、ごく小さいうちに「鏡とはこういうものだ」と理解することができる。

ヒト以外に鏡像認識ができる動物は非常に少ない。ネコに鏡を見せると裏を覗きに行くし、強い縄張り性を持った魚に鏡を見せると鏡に映った自分を威嚇し始める。鳥もそうだ。ジョウビタキやセキレイ類など、気の強い鳥はしばしば止めてある車のバックミラーに喧嘩をしかける。なにせ鏡像なのでこちらが威嚇すれば相手も威嚇し、詰め寄ると逃げるどころか相手も迫って来るので、闘争はどんどんエスカレートする。

これがチンパンジーになるとお利口さんで、鏡を利用することを覚える。最初は鏡を触ったり後ろを覗いたりしているのだが、次第に「これは普通の景色とは違う」と気づくのだろう。ここでチンパンジーの背中あたりにコッソリ汚れをつけておくと、鏡を見てこれに気づき、自分の体を触って汚れを落とそうとする。まさに我々が鏡を見ながら髪を整えるのと同じである。これはつまり、鏡に映っているのは自分だとわかっている、ということになる。

カササギはこれと同じことができる。全く同様の手法で実験したところ、カササギは鏡を見て汚れに気づき、羽づくろいを始めたという論文があるからだ。これはかなり驚異的なことだ。ではカラスはどうかというと……。慶応大学での実験によると、ハシブトガラスは鏡を見ると物凄い勢いで喧嘩を売り、後ろを覗き込み、戻って来てはまた喧嘩を売る。セキレイと同じだ。どうやらハシブトガラスは鏡像認識が苦手なようである。

ところが、2014年になって驚くべき結果が発表された。慶応大学の渡辺茂らの研究により、ハトも鏡像認識ができることがわかったのである。時間はかかったとのことだが、あのハトも鏡を理解できるのだ！

さらに、イカも鏡像認識ができる可能性がある。イカは体の構造も行動も脊椎動物とはだいぶ違うので、なにをもって「鏡像を認識した」と見なすかが難しいのだが、少なくとも本物のイカと対面させた場合と、鏡に対面させた場合では反応が異なることがわかっている。

さあ、鏡像認識「だけ」で並べると、カササギとハトとイカはハシブトガラスより賢い動物ということになる。「〇〇は賢い」という表現が、決して一筋縄で行くものではないことがおわかり頂けるだろうか。

なお、鏡像認識についてカラスを弁護しておくと、ハシブトガラスが鏡を認識できなかったのは彼らがあまりに攻撃的だから、という可能性がある。鏡像に気づく前に「目の前の刺激に対して攻撃的に反応する」方が先に立ってしまい、仮に鏡像に気づくほどの認知能力があったとしても、行動としては現れていないという可能性だ。

こう書いて来るとまるで「カラスは馬鹿だ」と言っているみたいなので、賢い事例も書いておこう。慶応大学(当時)の草山太一らが行った研究によると、ハシブトガラスはマイナスデータを利用できる。マイナスデータというのは「ないという情報」のことだ。何かが「ある」という刺激に反応するのは簡単だが、「ここにはない」という情報を利用して判断するのは、もう少し抽象的で、込み入った論理能力

◀昨日の敵は今日も敵。
鏡の自分も今日の敵

を必要とするだろう。実験手順はこうだ。

カラスに二つの小さな箱を提示する。箱はどちらも透明で、一方には餌が入っている。当然、カラスは餌が入っている方の箱を開けて餌を取り出す。

この条件に慣れたところで、一方を透明ではなく、黒い箱にする。透明な方に餌があれば、カラスは当然、そっちを開ける。では透明な方に餌がなかったら?

カラスは黒い箱を開けるのである。これは「透明な箱に餌がないことは見てわかった。すると、餌があるとしたら黒い箱の中だ」と判断したと考えられる（註4）。これはなかなか高度な推論である。ただし、実験した全てのカラスができたわけではなく、透明な方を開けて「やっぱりないよー」とガツガツつつく個体もいたそうである。カラスにも個体ごとの性格があるわけだ。中には難しい課題を与えると「うーん」と本当に唸りながら考える個体もいるとか。

では、二つとも黒い箱にしたらどうなったか? この場合は手がかりが何もないので、当てずっぽうで開けるしかない。もちろん餌を得られるかどうかはチャンスレベル、つまり偶然の割合ということになる。この結果は予想通りなのだが、非常に面白い結果が一つ得られている。必ず右側、あるいは左側の箱から開ける個体がいるのだ。個体によっては、何らかの「自分ルール」を持っている場合がある、と解釈するのが妥当だろう。

もう一つ、ハシブトガラスの知能のちょっと変わった側面を紹介しておこう。これも草山さんに伺ったのだが、ハシブトガラスは「消去」、すなわち「ルールが変わったから前の手は使えない」と判断するのが極めて早い場合があるのではないか、との事だった。

草山さんたちはハシブトガラスを用いて色々な実験を行っていたが、訓練段階では完璧なのに本番で急に成績が落ちる個体が時折いるのだという。訓練段階（心理学では強化と呼ぶ）では、課題に正解するとご褒美が出る。これを一定の回数行い、いざ本番（トライアル）に挑む。本番は2回連続で行われ、2回続けて成功できたら「手順を覚えた」と見なす。ただし、本番では正解してもご褒美が出ない**（註5）**。なぜかというと、本番でご褒美を出すと強化の続きになってしまい、個体ごとに練習回数がバラついてしまうからだ。

さて、本番をやらせてみると、1回目は難なく正解したのに、2回目のトライアルで急にデタラメにボタンをつつく個体がいるのだという。全然覚えていないわけではなく、それまでの訓練では完全に正解しているし、本番も1回目は完璧なのに、2回目だけがダメなのだ。恐らく1回目のトライアルでご褒美が出なかったため、「餌が出ないということは正解ではない。ということはルールが変わった」と判断し、前の手順を放棄して再び試行錯誤に戻し、正解を探そうとしているのではないか、との事であった。

我々ならば、例えば暗証番号を打ち込んでもうまくいかない場合、二度か三度は打ち込んでみる。それでもダメなら暗証番号を間違えているだろうから、この時点で別の手段を考える。だが、カラスはたった一度で「情況が変わったから同じ事をやってもダメだ」と判断して、せっかく覚えた手順を捨ててしまうことがあるわけだ。これが「消去」である（記憶から消し去るという意味ではなく、もうこの手は使いませんよという意味）。そして、手当たり次第に色んな方法を試して正しい手順を見つけるモードに入ってしまうのである。もちろん個体差はあるのだが、異様に切り替えが早い個体もいるのは確かなようだ。このあたりに、人間とはかなり違った世界観というか、異質な知性といったものを感じる。

註1【煙浴】 煙浴はカササギでも観察例がある。この例では、ドラム缶で廃材を燃やしていたところ、数羽のカササギが「まるで火にあたるように」ドラム缶の縁に止まっていたとのことである。煙を浴びることでシラミなどを落としていたのでは？ という意見もあったが、煙を避けるように風上側に回っていたそうなので、これは違うようだ。寒さを避けるためか、羽を乾かすためであったのかもしれない。

註2【雨宿り】 カラスは雨宿りもちゃんと知っている。鴨川で観察中、急な土砂降りにあったカラスの一群が一斉にマツの木に逃げ込んだのを見た事がある。

註3【ズボラなのか合理的なのか】 ではこの二つを区別するにはどうすればよいか？ ちょっと思考実験として研究計画を立ててみよう。

「濡れながら乾かす」のが適応的になるのは、「濡れるよりも乾く方が十分に早い」場合だけだ。雨が激しくなって乾く以上にどんどん濡れてしまったら乾かすのが追いつかない。よって、小雨なら乾かしに来るが、土砂降りになったら避難した方が得策だと考えられる。大型のケージに雨宿り場所と煙突を用意し、ケージの中に雨を降らせるとしよう。もし「カラスが濡れる速度と乾く速度を計算して最適な行動をとっている」ならば、小雨の時は煙突に行き、土砂降りの時は雨宿りに行くはずだ。飼育下での実験を考えたのは、野外だと統制しにくい条件があるからだ。例えば土砂降りで飛びたくない時は、煙突まで来ないだけかもしれない。すると「煙突に行けば乾くと思ってるけど、やらない」という情況も起こり得る。「雨宿りとドライヤー、どちらも同じ距離にありますけど、どっちにします?」という条件を作ってやるのがよいだろう。

註4【餌があるとしたら】 私の行った観察や野外実験では、ハシブトガラスは落ち葉の下に隠れている餌を探そうとはしなかった。このことから「ハシブトガラスは見えている餌にしか反応しない」と結論したのだが、草山らの実験ではちゃんと隠れた餌の存在を推測して採餌行動を開始している。この二つの研究の整合性を考えてみよう。

草山らの実験では、ハシブトガラスに提示される箱は二つだけで、しかも一方には必ず餌が入っている。野外において、こんな好条件はあり得ない。着目すべきアイテムは落ち葉や石など無数にあり、餌があるという保証もないので、「どこから手をつければいいかわからない」「当てずっぽうでめくってみても大概は無駄」というものだ。このような情況の違いが、ハシブトガラスの行動に影響したのだろうと考えている。

註5【ご褒美がでない】 本番でも正解したらご褒美を出したとすると、一回目に成功した個体は、もう一回余計に練習したのと同じことになる。「よし、俺の理解で正しいんだ」という確証が一つ増え、「ご褒美もらった♪」という動機づけも増える。失敗した個体は、逆だ。その状態で二回目に挑ませると、一回目に成功した奴は自信満々、二回目も易々と成功する。失敗した奴は迷いがある上にヤル気がなくなり、実力を発揮できない。ということで、本番は本番、練習は練習と切り分けるのが、こういう実験のお約束。

カレドニアガラスの道具使用

あなたが南太平洋の無人島に放り出されたとしよう。目の前には朽ちた倒木がある。昆虫食に抵抗がなければ、あるいはそんな事を言っていられないほど空腹なら、倒木に潜り込んだカミキリムシの幼虫を探すのは食料調達の良い方法だ。ローマ人も食べたというし、フライパンで炒めると大変おいしいとファーブルも断言している（ただし皮は羊皮紙のように硬いらしい）。ではどうやって幼虫を捕まえるか？　そこで鉈《なた》や斧やチェーンソーが必要なら、人間はカラスに負けている。

近年、なにかと話題に上るのがカレドニアガラスだ。ニューカレドニア島に分布する森林性のカラスだが、最大の特徴は「野生状態で道具を作って使う」という点にある。

野生状態で道具を使う動物はいくつかある。チンパンジーは石でナッツを割り、アリ塚に枝を差し込んでアリを釣って食べる。キツツキフィンチはサボテンの棘をくわえ、樹皮の隙間や穴に潜む昆虫をつつき出す。エジプトハゲワシは石を落としてダチョウの卵を割る。意外な所ではハダカデバネズミという不思議な動物が、石をくわえて硬い地層に穴を掘る。飼育下であればさらに多くの観察がある。だが、道具を「作る」のは、それまでチンパンジーでしか確認されていなかった（**註1**）。

カレドニアガラスは葉をちぎって葉柄を残し、その葉柄をJ字型に曲げた「フック・ツール」と呼ばれる道具を作る。これを朽ち木の穴に差し込んで、中に潜んでいるカミキリムシの幼虫を捕獲して食べるのだ。また、地域によって道具の作り方が微妙に違う。道具を樹上に置いておき、繰り返し使用していることもわかっている。出来のいい「マイ道具」は貴重なのだ。

この行動を初めて報告したのはギャビン・ハントらの研究グループだが、道具使用の解明には、日本のテレビ番組制作プロダクションの撮影チームも大きく関わっている。ハントらは当初、カミキリムシを引っ掛けて捕獲していると考えていた。しかし、日本チームが撮影した行動から、カラスがカミキリムシを釣っていることが判明した。力任せにツールでつつくと幼虫は穴の奥に引っ込んでしまうのだが、絶妙な力加減でコチョコチョすると、幼虫が怒ってツールに噛み付く。そこですかさずツールを引き抜くと、ツールの先に噛み付いたままの幼虫が釣れるわけである。やり方としてはザリガニ釣りみたいなものだが、人間が真似しようとしてもうまくいかないくらい、熟練が必要らしい。

もう一つはパンダナス・ツールと呼ばれる道具だ。Pandanas 属(沖縄に自生するアダンがこの仲間)の、アロエのようなギザギザの葉の縁を切り取り、細長いノコギリのような道具を作る。撮影のディレクターだった柴田佳秀さんに見せて頂いたことがあるのだが、「よくまあこんな器用に作れるもんだな」と思ったのを覚えている。ちなみにツールは2本あり、一方はちょっと不細工なので「これは雛が作ったんですか?」と聞いたところ、「俺が作ったの。カラスの方がうまいんだよねー」という返事であっ

▲この使い方は、たぶん、違う

た。このツールは樹上の高いところで使っているので用法がよくわからなかったそうだが、何かを引っ掛けて取り出す道具だと考えられている。

撮影チームが発見した第3の「道具使用」はナッツ割りだ。森の中にクワイという木の実が割れて散乱している場所があり、そこがナッツ割り場になっている。森の中の岩の真上にちょうど良い枝があり、この枝に止まって二叉部分にナッツを乗せ、嘴でチョイと押して落とせば必ず割れるのだという。これは持ち運べる道具というわけではないが、このような場合は基質利用といって、初歩的な道具使用、あるいは道具使用につながる行動と考えられている。このナッツ割りが単なる基質利用よりお利口に感じるのは、位置決めも高さも絶妙な枝とセットになっており、簡単な手順を守れば必ず成功する「装置」になっている、という点だろう。さらに、立教大学の調査チームは樹上から岩の上にカタツムリを落として割って食べる行動を撮影している。

興味深いのはこのような行動がどのようにして継承されているか、である。我々はつい、「親から子に教える」と考えてしまうが、「これをやってごらん」というタイプの教育はヒト以外の種では稀である。動物の親は子供の危険な行動を制止することはあっても、具体的な行動を促して「手取り足取り教える」ということはほとんどやらない。動物の学習の大半は試行錯誤学習で、ああでもない、こうでもないと自力で試しては失敗を繰り返して覚えている。手本になる親の行動を間近に見ているので、全く独力で学習するよりは覚えが早い。ただ、フック・ツールの例で言うと、親鳥の行動を見ていれば「倒木に止まる」「ツールの真っすぐな方を口でくわえる」「穴に差し込む」「上下に動かす」「引き抜く」「餌がついてくる」といった行動が観察可能である。観察可能だからといって具体的な行動を真似られるかどうかはまた別なのだが(註2)、最低でも「倒木に着目」「穴に着目」といったポイントを絞れるだけでもマシだろう。何もない地面でツールを足で掴んで振り回すレベルから試行錯誤していたのでは、正解には全く近づけないからである。このような学習は、ヒトで言うなら「師匠の技を盗む」のに近い。

当然だが、カレドニアガラスも巣立ち雛の頃は道具使用が極めて下手クソである。道具を作るのも下手クソである。どう考えても長過ぎるツールを差し込んで持て余したり、先端の曲げが長過ぎて穴に入らなかったり、子供がやりそうな失敗は全部やる。これを試行錯誤の末に「使える」道具にまで高めるのは相当な苦労がいりそうである。

映像を見ていて面白かったのは、親鳥が巣立ち雛の前で倒木にツールを差し込んだまま飛び去った例があったことだ。巣立ち雛は大喜びで親のツールをくわえてガシガシしていたが、これは素人目に見ても力が入り過ぎで、上手に釣れるとは思えなかった。しかし、親の行動を見ていた直後に、親の作った「実用に堪える」ツールを使って学習ができる、というのは極めて有効だと思う。不出来なツールと下手クソな使い方のコンビではいつまでたっても幼虫は釣れず、上達も遅いに違いないし、そうなればこんな難しい技を覚えようというモチベーションも保てない。少なくとも、いいツールがあれば、力加減次第で釣れる可能性はあるのだ。

この親鳥が「子供に覚えさせるために」ツールを

▲子は親の背中を見て育つ

置いて行ったのかどうかはわからない。単に他に用事があったのかもしれない。しかし、こういった事例がしばしばあるならば、雛の学習も速やかに進むであろう、という想像はできる。

さて、カラスの認知能力は極めて高度であることが実証されてきたので、近年はカラスを「羽毛の生えた類人猿（フェザード・エイプ）」と呼ぶ向きもある。実際、「チンパンジーでこういう研究があるので試してみたら、カラスもできた／できなかった」という研究がしばしばある。よく研究されたテーマについて既知の対象動物と比較し、認知能力の共通性と異質性を検討するには良いアイディアだ。だが、カラスの知能について「霊長類並みに進歩している！」といった解釈をするのは、間違いとは言えないにせよ、必ずしも正しくない。霊長類の知能が唯一絶対の到達点などではないからである（このような見方はしばしば、「人間は最高度に進化した万物の霊長である」という世界観を引きずっている）。また、カラスの行動を無条件に霊長類と同様に解釈するのも、必ずしも正しくない。鳥類は2億年近く前に恐竜の一部から生じた動物であり、我々哺乳類は古生代に栄えた単弓類から進化した動物である。我々と鳥のご先祖が枝分かれしたポイント、つまり共通祖先まで遡ると、下手をすると3億年ばかり前の、サンショウウオの親戚みたいな両生類に行き着いてしまう。それぞれに何億年という時間を経た結果、サルとカラスが異質な知性として進化している可能性は十分にある。全く別の進化の果てに生じた全然違う知性と世界認識を、カラスを通じて垣間みることができるなら素晴らしい（註3）。逆に、それだけの時間と分類群を隔てて尚、両者が同じように世界を認識しているなら、それはそれで面白すぎる。もはやＳＦの世界だ。

最後に、他のカラスについて。カレドニアガラスの道具使用が有名になったのはいいが、「カレドニア」を忘れて「カラスは道具を使う」と言ってしまうとちょっと困る。野生状態で道具を使った記録があるのはカレドニアガラスただ一種だからだ。しかし、飼育下ではミヤマガラスも道具を使っている。ケンブリッジ大学の研究者が飼育下で実験したところ、ミヤマガラスは針金を曲げてフックを作り、餌を引っ張り上げて食べることができた。イソップ童話よろしく、水の入った容器に石を放り込んで水位を上げて水に浮いている餌を採る、なんて技も見せる。最初は手当たり次第に何でも放り込むが、馴れて来ると水に浮くものは入れなくなるというから、結構な理解力があるようだ。正直言って、集団で黙々と地面をつついているだけの……言ってみればハトっぽい、というか馬鹿っぽい……ミヤマガラスが、これほど高度な技を駆使するとは思っていなかった。おみそれいたしました。

　もっと言えば、ハシボソガラスやハシブトガラスも飼育下では道具を使うことがある。「棒をくわえて物を引き寄せる」程度なのだが、飼われているハシボソガラスは勝手に覚えてしまう事があるようだ。実験条件下ではハシブトガラスも行うそうだが、「非常に面倒くさそう」とのことである（万事が力

任せなハシブト君には道具使用は無理だろうと思っていた。すいません。だが、「面倒くさそう」と聞いてなんだかとってもハシブトらしいと納得した)。カラス類の中でも潜在的な道具使用の能力には違いがあるし、さらに、潜在能力と野外でやってみせることも違うのだ。

このような種間の差について、伊澤栄一らは道具を操作するための嘴の形も重要ではないかと指摘している。カレドニアガラスは上下の嘴の合わせ目が直線的なのだ。ハシブトガラスはこのラインが大きく下へ湾曲している。ハシボソガラスも、やや曲がっている。ミヤマガラスにはかなり直線的な個体もいるが、ハシボソに近いほど曲がっている個体もある。確かに、野外系カラス屋の目から見て、カレドニア

カレドニアガラス

ガラスの外観で気になるのは、アカショウビンのような、ホシガラスのような、上反り気味の不思議な嘴だ（註4）。アカショウビンは林床でカエル、トカゲ、カタツムリなどを捕食する。ホシガラスの主食はハイマツの実だ。カレドニアガラスの研究はケンブリッジ大などで精力的に行われているのだが、多くは飼育下での実験であり、野外での観察は非常に少ない。個体数が少なく、森林性なので観察も難しいとのことである。何人かの研究者に「野外ではどういう生活なのか」と聞いたこともあるのだが、いずれも「知らない」「自分は見た事がない」といった返事で、普段は何を食べているのかもよくわかっていない。

さあ、カレドニアガラスの餌は、一体なんだろう？

ワインとチーズ
いやいや
スルメとマヨだ!!
ス、スルメ…!?!

註1【道具を「作る」】 かつて「道具を使う」のがヒト固有の特徴とされていた。チンパンジーやフィンチの道具使用が疑う余地のないものになると、「道具を作る」のがヒトの特徴ということになった。その辺のモノを拾って何かに役立てたからといって、人間の知恵には及ばない！というわけだ。ところがチンパンジーも道具を作ってしまったので、今度は「道具を使って道具を作る、すなわちメタ道具の概念がある」ことがヒトの特徴とされている。エテ公と一緒にされてたまるか、というヒトの悪あがきの軌跡である。

註2【具体的な行動を真似られる】 鳥類を含むいくつかの動物の脳にはミラーニューロンと呼ばれる神経細胞が存在し、他人の動作を見ると、自分がその動作を行っているかのように作動する。ミラーニューロンは模倣に深く関わっているという説もある。なお、模倣という単語は、認知科学の世界では「相手の動作をコピーする」ことを指す。

ミラーニューロンを持たない動物には模倣ができない、ということはないが、少なくともミラーニューロンを持つ我々が「動きのマネなんて簡単にできるじゃん」と思うのとは、いささか様子が違うかもしれない。

註3【全然違う知性と世界認識】 さらに異質な知性体かもしれないのが、頭足類すなわちイカ・タコである。ああ見えて非常に注意深く、知的能力も高い動物だ。しかも脊椎動物より出来の良さそうな眼を持っている（網膜の裏側に神経束が配置されているので盲点ができない）。ネジ蓋の開け方を学習するとか、鏡像認識ができ

るとか、色々と面白いネタは尽きない。タコが身を隠すためのココナツの殻を持ち運び、移動が終ると組み立てて中に隠れたという観察もある。残念なのは、頭足類は一般に寿命が短いため、十分な経験を積む暇がなさそうなことである。今でこそイルカ・クジラが「知的な動物だから」という理由で愛護の対象とされているが、将来は「タコ食うな」といった主張がなされることも……。まあ、あまりないかな。感情移入しにくいから。ブサイクな生物は保護対象になりにくい、という論文もあるくらいだし。

註4【上反り気味の不思議な嘴】下嘴が太くて下ぶくれな感じである。下嘴が上にしゃくれるように成長した結果、合わせ目がまっすぐになっている、という気がする。

さて、実はホシガラスも、こういう嘴をしている。ただし、合わせ目のラインは根元に近いところで「へ」の字に下に折れる。これはクルミ割りやプライヤーと同じく、嘴に大きな力をかけるためと思われる。カラス科ではないが、嘴の形が似ているのはゴジュウカラだ。ホシガラスの英名はNutcrackerで、ゴジュウカラはNuthatchである。どちらも意味ありげなナッツ系の名だが、さて……。

五時間目 地理の時間

カラスが住むのは日本だけではない。ここでは海外からやって来るカラス、そして海外のカラスについて少し、述べよう。カラスを通して海の向こうとも「繋がっている」のだ。

ミヤマガラスとコクマルガラス

真冬の巨椋池《おぐらいけ》。時に息ができないほどの強風が吹く、クソ寒いところだ。わざわざこんな所を歩いているのは、あのカラスが見たいからである。何度もハシボソガラスの群れに騙されたが、あそこに見える大集団は……。

数百メートル離れた田んぼから黒い集団がふわっと浮くように舞い上がると、「カララ」「カラララ」と声があがった。思ったより多い。ざっと300羽くらいいるだろうか。

飛び立ったカラスは集まって旋回を始め、電線にずらりと並んで止まった。近づくとまた逃げられそうなので三脚と望遠鏡を取り出して確認する……。

モコっと盛り上がった丸い頭、突き出した細い嘴、白い口元……。間違いない。ミヤマガラスだ。

ミヤマガラス。漢字で書けば「深山烏」となる。江戸時代の図鑑には筑紫地方（九州）特産である、と書いてある。

当時はごく限られた地域でしか見られなかったようだ。ただしその解説には「深山に住むので深山烏という」とあり、これは平地に住むミヤマガラスらしくない。他の鳥の情報と混じってしまったか、「こんな見た事のない鳥は、きっと神仙郷のような場所に住むに違いない」とロマンチックに想像して書いたのか（註１）。

ミヤマガラスは実際には平原の鳥である。日本で

ミヤマガラス

見かけるのは広々とした農耕地に限られており、広い畑や、刈り入れ後の水田にやって来る。ねぐらは樹林に作るが、寝る時以外は電線に止まっているか、地面に降りて黙々と何かをつついているか、どちらかだ。

ミヤマガラスは集団性の強い鳥だ。繁殖もコロニー性で、狭い範囲に多数が集まって行う。ただし、繁殖や子育ての単位はあくまでペアで、お隣さんの子育てまで手伝うことはない（浮気することはある）。英語ではミヤマガラスのことをRookというが、ペンギンなどの集団営巣地をさすrookery（ルッカリー）という言葉はこの英名に由来する。

ミヤマガラスの外見上の特徴は嘴の付け根である。カラス科鳥類は上嘴の付け根から前に向けて毛状の羽毛が生えており、鼻孔はこの羽に覆われている。ミヤマガラスも若いうちはこの羽がある。ところが、成鳥になると羽が抜け落ち、替わりに皮膚表面の角質が石灰化して白くなる。嘴の根元が白ければ大人だ。外見から成鳥かどうかが明確にわかる、数少ないカラスだ。種を識別するにも都合がいい。

若い時は鼻羽を持っているので、ハシボソガラスにそっくりである。並んでいるとミヤマガラスの方が少し小さく、体つきが丸っこく、風切羽が長いことがわかるが、その差は非常に微妙だ。ミヤマガラスの嘴は細くて筆の穂先のようだが、ハシボソガラスもかなり細い嘴のものがいる。だから遠目に見ると区別できないこともある。ただ、イギリスのある鳥類標識ハンドブックによると、上下の嘴の合わせ目が直線的なのがミヤマガラス、下に向かって湾曲しているのがハシボソガラスだという。個体差もあるので絶対とは言えないが、ミヤマガラスの嘴は、より直線的だとは言えるだろう。これは彼らの採餌方法とも関連していると考えられる。

ミヤマガラスの頭は妙な形をしていて、ハシブトガラス以上に丸く盛り上がって見える。ハシブトガラスはまだしも「羽毛を逆立てている」とわかる形なのだが、ミヤマガラスの羽毛は妙にしっとりと艶があるというか、ベタッと丸く見えるのである。ただ、これもハシブトガラスと同じく、羽毛を立てているだけなので、寝かすこともできる。特に若鳥は羽毛を立てていないことも多く、余計にハシボソガラスと紛らわしい。

しかし、ミヤマガラスの鳴く時の姿勢は独特なのでハシボソガラスと見間違える心配はない。ミヤマガラスは腹の羽毛を立てて体を膨らませた状態で首を斜め上に伸ばし、

ミヤマガラス

ハシボソガラス

尾羽を扇のように開きながら鳴く。鳴き声はか細くてしゃがれ気味の「カララ」という声や、ハシボソガラスより少し高くて細い「ガー」という声。ただ、日本では繁殖期のミヤマガラスを見ることができないので、求愛や防衛の際の音声は生で聞いたことがない。

日本では、ミヤマガラスは冬鳥である。10月半ばから4月頃まで日本で見ることができる。日本に渡来する個体群の主な繁殖地は中国東北地方だ。なお、ミヤマガラス自体はヨーロッパまで広く分布している。

ミヤマガラスの日本での分布はなかなか興味深い。NPO法人バードリサーチが行った調査によると、1950年代までは佐賀県に多数のミヤマガラスが見られたという記録がある。しかし、1960年代には大群では見られなくなったという。ところが70年代半ばになると再び九州での目撃情報が増え、80年代にかけて山口県や四国でも確認されるようになる。日本海側で確認されるようになるのも80年代のことだ。90年代になると近畿地方、東北地方でも確認情報があり、北海道にも毎年渡来するようになる。最後に確認されたのは東海から関東地方で、岐阜県の初記録は1996年だ。

2000年になると関東地方の栃木県、埼玉県でも確実な記録がある。しかし、紀伊半島(奈良県、和歌山県、三重県)では60年代の記録のみで、まとまった数が毎年渡来するという報告はない。非常に大雑把にいうと、最初は九州に渡来していたものが次第に東進すると同時に日本海側で見られるようになり、最後に太平洋岸にまで達した、という感じになる。60年代には一度減ったかもしれないが、その後は渡来する個体数自体が増えているのだろう。

日本への渡来が増えただけではなく、中国で繁殖する個体群そのものが大きくなっているのではないか、という説が有力だ。知り合いからちょっと聞いたことのある話としては、中国での農地拡大がミヤマガラスの餌場を増やしているのではないか、とも

▲自由気ままなバックパッカーです

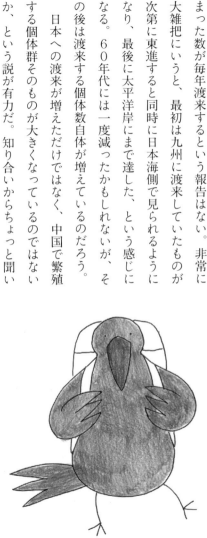

言われている。確かに原野を切り開いて畑を作れば、そこはミヤマガラスに好適な環境となるはずだ。

なお、衛星発信器を用いた追跡や日本での初認日調査によると、ミヤマガラスの渡りルートは一つではなく、少なくとも北日本と西日本に別の渡りコースがあるようだ。風況によるのだろうが、堂々と日本海のド真ん中を飛んだ例もある。カラスが海上を長距離飛行するのはイメージしにくいが、ミヤマガラスにとっては遠すぎる距離ではないようだ。

私が初めてミヤマガラスを見たのは1990年代の後半、京都府南部にある巨椋池干拓地だった。明治時代には大きな池だったが、埋め立てられて農地になった。現在はバイパスのジャンクションができ、住宅地に変わりつつあるが、まだかなり広い面積の農地が広がっている。多くのバードウォッチャーはコミミズクを目当てにここを訪れるが、私はミヤマガラスを見たくて行った。

強烈な風をこらえながら歩き回っていると、ぽつぽつと鳥が見つかる。水路から飛び立つアオサギ、枯れ草に飛び込むホオジロ、カシラダカ、アオジ、スズメ。上空を滑空して行ったのはノスリか。カラスもいるが、みなハシボソガラスだ。そうして1時間ほど歩いていただろうか、遠くの田面に黒い点々が見えた。よく見ると、水田の切り株の間に動く黒いものがチラチラと見えているのだ。さっきはハシボソガラスの群れに騙されたが、いくらなんでも数が多過ぎはしないか。あれは……。

これ以来、年に何度か巨椋池に出かけてミヤマガラスを観察するようになった。地上での行動をハシボソガラスと比較しようとしたこともあったのだが、これはうまくいかなかった。すぐに飛び立ってしまって、まともに観察できる距離まで近づけなかったのである。少なくとも15年ほど前は、ミヤマガラスは非常に警戒心の強い鳥だった。

ところが、2005年にバードリサーチの調査を手伝うために同じ場所でミヤマガラスを探してみたら、なんだか印象が違っていた。この時は自動車を使ったとはいえ、かなり近づけたのだ(鳥は人間と自動車は別モノという認識をしているらしく、自動車に乗り込んでいる限りあまり恐れない)。さらに、ドアを開けてそっと降りても、ゆっくり歩いて近づいても、やっぱり以前ほど逃げなかったのである。もちろん都会のカラスほど近寄れるわけではないが、ミヤマガラスってこんな大胆な鳥だったっけ？
知り合いに聞いてみると、「全然近づけない」という意見もあれば、「あまり人間を気にしない」「最近はあまり逃げない」という意見もあり、どうやら場所と時代によってずいぶんと違うようだ。その時の環境によるのか、経験が違うのかよくわからないが、ミヤマガラスの反応も色々なようである。

なお、巨椋池の農家の方に農業被害がないかとおそるおそる聞くと、「たくさんいるが刈り入れ後のことだし、別に悪さはしない」との答えだった。一方で狩猟や有害鳥獣駆除により捕殺されている例もある。狩猟数は他のカラスに比べて一桁少ない数だが、有害駆除は「カラス類」としているのが大半なので、その中にミヤマガラスも混じっているかもしれない。ミヤマガラスの渡来時期に育つ作物は少ないので、被害もあまりないと思うのだが、豆類は食われることがあるかもしれない。

ところで、日本でミヤマガラスの暮らす場所には、大概ハシボソガラスがいる。ハシボソガラスは繁殖しているので、縄張りを持っていることも多い。この2種の関係はどうなっているのだろう。

結論から言えば、ハシボソガラスはミヤマガラスを全く歓迎しない。普段、ミヤマガラスは地面をせっせとつついて何か小さな餌を探している。あまりに小さくて何かわからないのだが、多分、種子類や越冬している昆虫のようなものだろう。たまに乾涸びたカエルの死骸などを見つけると大喜びでつついている。秋のうちならまだ昆虫が活動しているので、バッタなども食べる。畑の真ん中にぽつんと植えてある柿の木にやって来て柿を食べていたこともある。

このような餌は、ハシボソガラスと共通している。だから、ハシボソガラスにとってミヤマガラスは競争相手であり、自分の縄張りを荒らしに来た連中だ。ミヤマガラスの群れがやって来ると、ハシボソガラスは大声で鳴きながら追い出そうとする。ミヤマガラスも、自分より少し大きな相手が突っかかってくるので、慌てて逃げる。

しかし、逃げるのはハシボソガラスが突っ込んだ先にいる、ほんの数羽だけだ。ミヤマガラスは何百羽という群れなのだから、残りの大半は（顔を上げはするが）黙々と餌を食っている。ハシボソガラスもそれに気づくので、追い散らした数羽を放ったらかして群れの方に襲いかかる。するとまた数羽が逃げるが、やっぱり大半は採餌したままである。しかも、さっき逃げた連中はちゃっかり戻って来て、また餌を食っている。この果てしなくも不毛なイタチごっこを続けていると、飛び回っているハシボソガラスは体力の限界に達する。疲れ果てた様子で電線にとまり、暑いのか口を開けて、非常に不機嫌そうに「ゴアー！」と鳴きはするが、やっぱりミヤマガラスは黙々と採餌しているのである。この勝負、数でミヤマガラスの勝ちだ。

R・K・ワイト等の研究によると、ヨーロッパのミヤマガラスとハシボソガラスでは採餌方法が違うため、ミヤマガラスの方がより深く地中に潜ったミミズでも採餌できるという。カラスの集団が歩

忍耐力が試される▶

き回ると、ミミズは地中深くに潜って逃げようとする。この時、ミヤマガラスならばミミズを追って細い嘴を穴に差し込むことで採餌を続けられるのだが、もっと嘴の太いハシボソガラスは採餌できなくなる。つまり、ハシボソガラスにとってミヤマガラスの集団は、単にそこにいるだけで邪魔だ。ハシボソガラスが少数で静かに採餌している場合、ミミズは浅いところに留まるので、深く追いかけられなくても問題ない。逆にミヤマガラスは集団で足音を響かせても大丈夫な採餌行動を持っているというわけだ。

冬の日本では餌の種類が先の研究とは異なると思うが、要するに「同じような餌を食べる奴が来ては困る」というのが、ハシボソが怒る主な理由だろう。

確かに、縄張り持ちのハシボソガラスが冬の間じゅうそこで餌を食べようと思っていたのに、突然、何百羽ものカラスがやって来て餌を食べ始めたら大変である（越冬するミヤマガラスには決まった縄張りがないので、仮に餌を食べ尽くしても他の田んぼに移れば済む）。ハシボソガラスにとっては、突然来襲するミヤマガラスの集団はとんだ災難かもしれない。

ミヤマガラスを観察していると、その中に小さいカラスが混じっていることがある。背の高さがミヤマガラスの肩のあたりまでしかないので、群れの中に埋没していると見えないのだが、チラ、チラと姿を現す。待ってました、コクマルガラスだ！

コクマルちゃん（あえてこう呼びたい）は非常に小柄で嘴も小さく、カラスのような、カラスではないような鳥だ。実際、分類によってはカラス属（***Corvus***）ではなく、ごく近縁な別属（***Coloeus***）とされることもある。全長は33センチほどなので、せいぜいハトくらいの大きさ。寒い時は体を丸くしていることが多いので余計にカワイイ。鳴き声も「キュッ」とか「キュン、キュン」というムクドリに似た高い声で、他のカラス属の声とはかなり違う。

日本で見かけるコクマルガラスは、ミヤマガラスの群れに混じっている場合がほとんどだ。というか私はそれ以外に見た記憶がない。ミヤマガラスよりも数が少なく、私が京都で見た経験では、ミヤマガラス50羽か100羽に対してコクマルガラス1羽くらいの比率で混じっていた（場所によっては、もう少しコクマルの比率が高いようだ）。行動はよく似ていて、ミヤマガラスに混じってちょこちょこと地面をつついて何か食べている。ただ、体が小さいぶん身軽なのか、ヒョイと何かに飛びついていることもある。恐らく、寒い時期でもユスリカのような小さな昆虫が飛び出すことがあるのだろう。

コクマルガラスの繁殖地も、やはり中国東北地方からロシアにかけてで、コロニー性の繁殖を行うという。ただし営巣場所は樹洞や建物の隙間などが多い（適した隙間がなければ樹上に営巣するようだ）。ヨーロッパにいる近縁種のニシコクマルガラスのペア形成については、動物行動学の始祖、コンラート・ローレンツがとびきり面白い観察をしている。何でも、ナンバー2の雄と雌がペアになったものの、もう1羽の若い雌がしつこく雄に言い寄って来る。ペア雌に見えないよう、雄の反対側から羽づくろいする若い雌を雄は追い払わなくなり、ついに餌も与えるようになった。そしてある朝、雄はその若い雌と一緒にどこかへ飛び去ってしまったという。

また、独身の「女王」として群れを率いていた年長のニシコクマルガラスの前に、輝くばかりの立派な雄が舞い降りた。すると「女王」はたちまち恋する乙女に早変わりし、はにかみながら雄に寄り添ったという。この雄は、確証はないものの、「女王」ロートゲルプのかつての夫ゲルプグリューンだったのではないかという。このままオペラにしてしまいたいくらいだが、コクマルガラスもこんな感じなのだろうか。一度見てみたいものだ。

コクマルガラスの大きな特徴は、色彩多型である。有名な姿は白黒のパンダのような模様だが、灰色がかったものや、全身がほぼ黒いものもいる（バードウォッチャーは白黒の淡色型をシロマル、黒色型をクロマルと呼ぶ）。黒色の強いものは若い個体だと考えられているが、今のところ、明快に年齢と色彩の関係を示した研究はなさそうだ。ちょっと小耳に挟んだだけだが、日本では黒色型がかなり多いように感じるのに対し、中国やモンゴルでは淡色型がもっと多いという。そうすると、若鳥と成鳥では渡りの様子が違っているのかもしれない。

なお、迷鳥としてだが、ニシコクマルガラスが北海道で記録された事がある。コクマルガラスとは少し模様が違うのと、銀色の虹彩が見分けるポイントだ。この虹彩のため、ニシコクマルは黒目がはっきりしていて、目つきがキツく見える（正確には黒目ではなく瞳孔だが）。日本にやって来るコクマルガラスの虹彩もやや薄い褐色だが、そこまで目つきがキツいとは感じない。

最新の研究によるとニシコクマルガラスは人間の視線を読み取って餌の在処を察知することができたという。つまり、アイコンタクトや目配せがちゃんとわかるわけだ。この研究では、特徴的な銀色の虹

▲憧れの配色。でも、ちょっと怖い

彩は瞳とのコントラストを強め、目がどこを向いているかを強調することで、個体間のアイコンタクトを行いやすくしているのではないかと推測している（ただし、この研究ではカラス間のアイコンタクトを確認したわけではない）。

面白いことに「非常に賢い」「社会的な知能が高い」と考えられているワタリガラスは、自分を見ている視線には敏感なのに、ニシコクマルガラスのように「人間の視線の先に餌があるかも」という推測はしない、と伺ったことがある。ワタリガラスの心配事はあくまで「あいつは自分の持っている餌を狙っているかもしれない」であって、「あいつは隠れている餌をじっと見ているのでは？」という想像はしないようだ。ニシコクマルガラスの目が非常に明確なコントラストを持つのは、彼らが固定的な集団を作って生活する傾向が強いからかもしれない。この場合、利他行動が進化する余地があるだろう（註2）。確かに、集団生活や共同繁殖を行うカケスの仲間にも虹彩の色が薄いものがある。もっとも虹彩の色の薄さと集団性が完全に一致するわけではないので、それ「だけ」が理由だというほどの度胸はない。

この章で紹介したカラスは、生活史の全般にわたって集団性が強いという点で、縄張り性が強くペア単位で行動するハシブトガラス、ハシボソガラスとは異なっている。数でハシボソガラスに対抗するミヤマガラスを見ていると、集団で圧倒するという方法も、カラスの取り得る戦略の一つなのだと考えられる。一方、この戦略は多数の個体が一斉に降りられる広い場所と、皆で食べても枯渇せず、しかもある程度は平等に食べられる餌がなければ成立しない**(註3)**。ユーラシアの平原地帯や農耕地、牧草地は、ミヤマガラス達の戦略を存分に生かせる場所であり、その戦略にマッチした採餌行動をも進化させているのだろう。

註1【平地に住むミヤマガラスらしくない】最近教えて頂いたのだが、「深山」には「遠く」の意味もあるとのこと。ミヤマガラスやミヤマホオジロは「遠い、よその国から来たカラス（あるいはホオジロ）」という意味になる。また、江戸時代の図譜の中には深山烏が紫などの美しい色彩を持つと書いたものもあるが、これはブッポウソウとの混同が指摘されている。

ただし、江戸時代後期の図譜「梅園禽譜」には「佛法僧」として紛れもないブッポウソウが描かれており（註4）、高尾山で捕ったとも書いてある。写真や標本が手に入るわけではなく、和名も標準化されていなかった時代には文献情報の擦り合わせすら困難だったろう。

註2【利他行動が進化する余地】利他行動というのは、「自分が損をしても相手に有利なように行動する」ことを指す。つまり他人に親切にすることとなのだが、ヒト以外の動物にはあまり見られない行動だ。例え見られるとしても大抵は血縁者か配偶者相手に限られる（血縁者は自分と遺伝子を共有しているだろうし、配偶者は自分の遺伝子を残してくれるから、結局は自分の遺伝子を次世代に残すためなのだが）。

しかし、血縁がなくても利他行動が見られる場合も、ないわけではない。代表的なものが互恵的利他行動だ。「このあいだは御馳走になったから、今日は自分が払うよ」というやりとり、あれが互恵的利他行動である。本文中のニシコクマルガラスの場合、アイコンタクトで餌の在処を教えてやったとか、餌を共有するのを許してやったとか、そういった行動も「御馳走する」に当たるだろう。

さて、もしメンバーが常に入れ替わっている場合、奢ってやった相手が明日もこの群れにいるとは限らない。つまり、二度と姿を見せずに食い逃げされる危険があるのだ。メンバーが決まっているなら、奢ったり奢られたりしているうちに貸し借りなしにできる。ちっとも借りを返してくれない悪い奴がいたら、そいつの顔を覚えて親切にするのをやめればいい。これがメンバーの流動性と利他行動の関係である。

ヒトの場合、緊密な社会集団を維持する中で利他行動や餌の分配が極度に発達したのだろう。さまざまな社会に「他人に親切にせよ」「借りは返せ」というモラルが存在することは、互恵的利他行動が社会に重要であったことを示唆する。一方、成文化されたモラルが必要だということは、「そうやって言い聞かせていないと、つい利己的に振る舞ってしまうものだ」という事でもあろう。

註3【平等に食べられる餌がなければ】　大きな動物の死骸や繁華街のゴミの山も餌量という点では十分に多いかもしれないが、一度にアクセスできる個体数が限られてしまう。草原で昆虫や種子を探す場合、餌が広い地面にバラまかれていて独占しようにもできない、というのがキモだろう。

註4【ブッポウソウ】　漢字では佛法僧。「仏陀、仏法、僧侶」の三徳を意味する。かつて、高野山で聞こえる鳥の声を「佛法僧」と聞きなし、「さすが高野山だ、鳥でさえも仏や仏法を唱えるのだ」と評判になった。そして、この声の主だという鳥がブッポウソウと名付けられたのであるが……。

実は、「佛法僧」と鳴いていたのはブッポウソウではない事が、後に判明した。鳴き声の主は、コノハズクという小さなフクロウの一種だったのである。ただ、何度聞いても私の耳には「ブッキャッキョー」と聞こえるのは信心が足りないせいか。「姿の」ブッポウソウはメタリックブルーの美しい鳥だが、鳴き声の方は「ゲッゲッ」とけたたましい。

ヨーロッパのカラス科たち

とある学会のためハンガリーの首都ブダペストに行った時、真っ先に目についたのはカササギである。会場は川沿いのコンベンションセンターで、周囲が公園になっていた。学会の前日まで建国記念のお祭りだったらしく、公園のそこかしこに宴会をやった後が残っていた。カササギはカラス科カササギ属（*Pica*属）の鳥だ。

彼らはこのゴミを狙って来ていた。あの長い尻尾を上手に跳ね上げて、時には引きずるようにして、せっせと芝生を歩いてゴミ漁りである。カササギは意外に地面にいる事が多いのだが、尻尾が邪魔ではないのだろうか？　ともあれ、ヨーロッパでは「泥棒カササギ」というように、ゴミを荒らしたり、いたずらしたりするのはカササギの役目で、大型のカラスはそこまで人間に近い存在ではないようだ。

カササギはユーラシアに広く分布するが、日本では佐賀県を中心とする九州の一部にしかいない。新潟から長野にかけてペアが観察された（長野県で営巣まで至った）こともあるが、これはどうやら、入港したロシアの貨物船から逃げ出したもののようだ。カラス科の鳥はよく懐くので、船員がペットにしていたり、船に降りて来た鳥に餌をやって可愛がっていたりする（結果として、次の寄港地までヒッチハイクする）ことがあるからだ。……と思ったら最近は北海道の苫小牧あたりで増え始めていた。研究により、北海道の個体群は遺伝的にはロシアの個体群とほぼ同じであることがわかっている。ということは、ごく最近やって来た、大陸産のカササギであると考えられる。（日本に来て時間が経っていれば、遺伝子が独自の変化を起こしているはずだ）。よって、これもロシア方面からの貨物船由来ではないかとのこと。

九州のカササギの由来も人為的な分布だとされている。遺伝的な多様性が小さいので、恐らくごく少数の個体群から増えたものである（人為的な移入なら不思議ではない）。また遺伝子の組成が大陸のものとは少し違っており、日本に来てからかなりの時間がたっているようだ。一説には豊臣秀吉の朝鮮出兵の際に朝鮮半島から持ち帰られたものとも伝えられている。もっとも九州は古くから朝鮮半島や中国と交流があるので、持ち込まれる機会は他にもあっただろう。

佐賀県ではカササギを「カチガラス」と呼んでおり、「勝ち烏」に通じるとして、縁

カササギ

起が良いので豊臣軍が朝鮮半島から持ち帰ったという言い伝えもある。なるほど、とも思うが、よく考えると時系列がおかしい。朝鮮半島に侵攻して初めてカササギを見たなら、その見知らぬ鳥を「カチガラス」と呼んだのは、一体誰なのだ。

そう思っていたら、ある時、NHKのクイズ番組で疑問がとけた。クイズの内容は「韓国の昔話の出だしに登場する動物は?」というもので、答えはカササギ。「むかしむかし、カササギが言葉を話していた頃」が昔話の出だしの定番だそうだ。ここで韓国のお婆さんが昔話を語り出す映像があったのだが、その時、明らかに「カチ」と聞こえる単語があったのである!　その後、韓国の研究者と話す機会があり、韓国語でカササギはカッチであると確かめた。「縁起が良いので持ち帰った」という逸話が事実だとしたら、現地語の「カッチ」が「勝ち」に通じる、というのが理由だろう。なお、カッチという名の由来は恐らく鳴き声で、カササギは「カシャカシャカシャ」と聞こえる乾いた声で鳴く。そもそも「カササギ」という日本名自体が、鳴き声に似ている。

韓国や中国ではカササギは縁起の良い鳥である。中国語では「喜鵲」と書き、字面からして縁起物だ。韓国では国鳥ではないがアイドル的な位置にあり、「みんな大好きカササギ」といった感じらしい。韓国からの留学生が教えてくれたのだが、正月にカササギのために御馳走を用意して、ちゃんと皿に盛って食べさせる風習があったり、「柿の実を全部とってはいけない、カササギのために残しておきなさい」と教えられたりしたという。ただ、現代ではやはり電柱に営巣するためショートの恐れがあり、巣を撤去される場合もあるようだ。

日本にも平安時代から漢籍を通してカササギの話は伝わっており、日本の文学や詩歌にも登場する。古今和歌集にある「かささぎの　わたせる橋におく霜の　白きを見れば夜ぞふけにける」という和歌は、七夕にカササギが連なって天の川に橋をかけるという伝説を下敷きにしたものだ。織姫と彦星はこの橋

を渡って会いに行くのである。カササギは日本にいない鳥なのに、千年以上も前から知られていたわけだ。ちなみに現代日本ではカラスの階段を女子高生（と猫）が降りて来たり、妖怪少年が移動に使ったりする**（註1）**。

カササギが日本にいない理由はわかっていない。実は、韓国でも済州島《チェジュ》だけはカササギが天然分布していない。ある説によると、カササギは飛ぶのが得意でないため、風の強い済州島には住みにくいのだとも言うが、そこまで違うものだろうか？

面白いことに、韓国で済州島にだけはハシブトガラスが繁殖している（韓国本土では数の少ない冬鳥で、ほとんど繁殖していなかった。最近、釜山《プサン》あたりで見かけるようになったと聞く）。近年、済州島にカササギが持ち込まれ、繁殖を始めたという。これを韓国の研究者に聞いた時、「そのせいでハシブトガラスの繁殖に影響が出ないかどうか、ちょっと気にしています」と言っていたので驚いた。あのハシブトガラスが「邪魔される」ことを心配されるとは！　以後の顛末は聞いていないが、どうなっているだろう。もっとも、友人によるとインドの乾燥地でもカササギが幅を利かせていて、ハシブトガラスは肩身の狭い様子だったというから、場所によってはそんなものなのか。

なお、カササギはあまり飛ぶのが得意でない、というのは本当かもしれない。実際、カササギの翼は丸くて短く、長距離飛行に適しているようには見えない。とはいえ、おそらく何百年というタイムスパンで佐賀県あたりにいて、現地では別に珍しい鳥ではないにも関わらず、今もって福岡県、長崎県、熊本県の一部に分布を広げたのみ、というのも納得が行かない。生息場所について恐ろしく保守的な傾向があって、そう簡単には分布を広げられないのか。あるいはカラスと競合するのか？ だがカササギの分布は非常に広い。この広域分布と分布拡大の遅さは、どう両立しているのだろう？ 実に不思議な鳥である。

ついでに少なくとも関東では身近なもう1種のカラス科、オナガについて書いておこう。これも実は非常におかしな分布をしている鳥である。まず、日本でも西日本には分布しない。かつては岐阜県と福井県を結ぶラインより東とされていたが、今は長野県あたりまで後退している。北海道にもいない。私は関西で生まれ育ったので、大学院に入って東京にカラス調査に来るまで、オナガを見た事がなかった（昔は兵庫県の一部にだけ、いたらしい……これも不思議）。初めて見たのは、東京都の明治神宮で頭上を飛び去る尾の長いシルエットである。きちんと見たのはその翌日、早朝の路上で吐瀉物を食っている姿だった。うーん……。カラス科だねえ、君たち。

ユーラシアに目を向けると、日本を含む極東のごく一部にはオナガがいる。そこから西へ行くといなくなる。そして、遥か彼方、ユーラシアの西端、スペインの一部にもオナガがいるのである！　大陸の西端の一部と東端の一部にだけ分布するという、わけのわからない鳥だ。なお、極東のオナガとスペインのオナガは、DNAの比較から、古い時代に分岐して交流の途絶えた個体群であることがわかっている。人間が持って行ったというわけではなさそうだ。現在もこの分布の謎はとけていないが、かつては広域に分布していたオナガが各地で絶滅し、両端だけに生き残ったという説はある。ただし、「なぜ、絶滅したのか」という具体的なアイディアは挙げられていない。「オナガの一団がはるばる旅をして大陸の反対側に辿り着いて繁殖したが、一羽たりとも途中で旅をやめたりはしなかった」という説明よりは無理がない、という理由である。

ハンガリーでもウィーンでも見かけたカラスはズキンガラスである。ズキンガラス

ズキンガラス

（***Corvus corone cornix***）はハシボソガラスの亜種だ（62ページ参照）。ヨーロッパ産の亜種（***C. c. corone***）も日本産の亜種（***C. c. orientalis***）も和名はハシボソガラスだが、***C. c. cornix*** だけは見かけが違うのでズキンガラスという別の名がついた（歴史的に言えば、見た目が違うので別種として独自の名が付き、後から生物学的に同種扱いになったというべきだろう）。

ズキンガラスとハシボソガラスは同種なのだが、色合いが全く違う。ズキンガラスは灰色と黒（極端な場合はほぼ白黒）の塗り分けなのだ。模様の出方は地域や個体によって違い、白い部分が多い個体もいれば、黒っぽい個体もいる。

色合いの違いを除けば、その行動は非常にハシボソガラス的である。試しにウィーンの王宮の庭で地上滞在時間と地上での歩数をサンプリングしてみたところ、京都市のハシボソガラスと差がないという結果になった。とはいえさすがカラス、ウィーン動物園のオオカミの囲いの中にもいて、オオカミが寝ている隙に餌をつついたりもしていた（**註2**）。

ズキンガラスはロシア中部からヨーロッパにかけて分布する。ウラル山脈以西、南はイタリア、トルコ、ギリシャ付近まで、西は北欧まで分布する。ヨーロッパ中西部からスペインにはいないが、フランスの一部にはいるようで、友人がパリの道ばたで見かけたカラスは少し白い部分があったとのこと。ベルサイユ宮殿を歩く真っ黒なハシボソガラスの写真も見たことがあるので、パリあたりは分布の境界線のちょっと外側の、***C.c.corone***が優勢な所なのだろう。

ズキンガラスの色彩は非常に奇妙である。分布の境界線付近では真っ黒タイプと白黒タイプが混血し、生まれた子は白黒になるものも、黒になるものもある。白黒の度合いも様々だ。同じ巣の中で白黒の雛と黒い雛が混じっていたりする。一腹の兄弟たちの中でも、遺伝的なわずかな違いで羽色の差が出てしまうのだ。そうなるとツートーンカラーの遺伝子は簡単に広まることができるので、時間がたてばユーラシア全域で白黒のカラスが見られるようになるはず、なのだが、どういうわけかそうはならない。西と東には真っ黒タイプしかいないのである。

このおかしな現象は、何か混血個体が不利になる条件があると仮定すれば説明できる。西と東では純粋な黒個体の方が有利になる場合、混血個体が生まれたとしても生存性や繁殖成功度の差によって淘汰され、広まることができないはずだからだ。これを実証するために死亡率、被捕食率、雛数、病気や寄生虫など様々なパラメータが調査されているのだが、まだきれいに説明できないようだ。

……と思っていたら、2014年に新たな研究結果が出た。ポエルストラ他による論文がそれで、2亜種は色彩、視覚、社会性に関連するホルモンに関わる部分で遺伝子に差異があるという。色彩が違うだけでなく、視覚に関する遺伝子が違うために「見た目に関する好み」が違い、そのために見かけの違う亜種をパートナーにしないのではないか、という考察が面白い。そういった感覚バイアスが先に生じており、白黒タイプができた瞬間、「実は、真っ黒

▲黒には赤いずきんがよく映える

はなんか違うと思っていた」とばかりに白黒派が台頭し、ズキンガラスの先祖となったという事か……。いや実際に何があったかはよくわからんけど。

なお社会性に関するホルモン云々、は攻撃性に関わるようだ。ズキンガラスはハシボソガラスより穏やかで、それほど喧嘩しない傾向があるという。このような性格の違いは隣接ペアとの関係性など社会全体にも関わる可能性があり、「黒いタイプのハシボソガラスを押しのけて縄張りを獲得し、数を増やして分布を拡大できるか」という問題に関連しそうである。ただし、これも現段階では「非常に面白い考察」であって、クリアに説明するには今後、様々な検証が必要だろう。

ハンガリーとウィーンで期待していたのがニシコクマルガラスなのだが、意外にもほとんど見かけなかった。ブダペストの公設市場前のベンチで何か食べているのを見かけただけである。この時は双眼鏡にカメラを押し付けてシャッターを切り、さらに飛ぶのを追いかけて連写したのだが、ごくごく普通のコンパクトデジカメだったので、さすがにきれいな写真にはならなかった。「言われてみればニシコクマルガラス？」という程度。聞いたところでは、北欧やドイツではそれこそハトかスズメのように普通に町なかにい

ニシコクマルガラス

たという。コンラート・ローレンツの著作を読むとオーストリアにもたくさんいるようなのだが、私はウィーンでは見かけていない。悔しいので、近いうちに何か理由をつけてヨーロッパに出張し、ニシコクマルガラスをバシバシ撮影してやろうと思っている。いっそ、悪魔の扮装をして屋根に登ってみるか**（註3）**。

なお、アジアからヨーロッパの高地にはアルパインクロウ（Alpine Crow　高山のカラスの意）というのもいる。ベニハシガラスとキバシガラスの2種だが、カラス科ではあってもカラス属ではない。よって、狭義のカラスには入らない。全身真っ黒なところはカラスっぽいが少し小さくて、真っ赤、あるいは真っ黄色の細長い嘴をもっている。ベニハシガラスの方が分布が広く、より低地にも来るようだ。キバシガラスはヨーロッパアルプスやヒマラヤなど本当に高地にしかいない。私の知り合いのフランス人は子供の時にアルパインクロウを飼ったことがあるそうで（どっちの種かは聞き忘れた）、とても良く慣れてかわいかったが、部屋にあるものを片っ端から持って行くし壊すし大変だったと言っていた。性格はほぼ、カラスなようである。

註1【カラスの階段】『猫の恩返し』（2002年／日本）。ハシブトガラスのトトさんが仲間たちを呼び集め、カラスの階段を作って主人公を助けるシーンがある。ちなみに、原作のトトはカササギ。ゲゲゲの鬼太郎は「カラスコプター」に乗って移動するが、ヘリコプターはヘリコ・プター（螺旋の翼）なのでカラスならカラスプターだと思うの。

註2【ウィーン動物園のオオカミ】ヨーロッパでは森林伐採や駆除によってオオカミが激減したが、東欧を中心にいくつかの地域でオオカミが残っている。これを繁殖させて保全し、可能ならば野生復帰させようという試みがあり、各地の動物園がこれに協力しているとのこと。ウィーン動物園もその一つだ。

　ウィーン動物園のオオカミ舎は丘の斜面を広く囲ってあり、オークなどの林で覆われている。まさにオオカミの生息環境だし、その広さたるや超一級の扱いを受けている。オオカミの姿は周囲からも見えるが、囲いの内側に突き出した観察小屋に登ると木々の間を走るオオカミが観察できるという趣向だ。もっとも私が見に行った時は2頭のオオカミは倒木を枕に熟睡しており、てんで動いてくれなかった。

　……のだが、夕方のサイレンが鳴った途端、2頭が立ち上がってサイレンに合わせて遠吠えを始めた。折しもこの日は天気が悪く、雨上がりの霧が立ちこめていた。夕闇迫る薄暗い森の、霧の中から響くオオカミの遠吠えには、感動のあまり思わず鳥肌が立った。と同時に、丸腰でこの声を聞かされた中世ヨーロッパの農民の恐怖はいかばかりであったかも、少しは伺い知ることができた。

白人入植以後、北米において健康なオオカミが人を襲ったという明確な記録はないという説がある。一方、日本を含めユーラシアではオオカミが人を襲った記録がある。オオカミの恐怖については誇張されたものも多いだろうが、満足な武器を持たなかったヨーロッパの庶民と、フロンティア精神のもと銃を携帯するのが普通だった近代入植者の違いなども考える必要があるだろう。イヌですら人間を襲う場合があること、野生動物は常に「手に入る餌を効率よく利用する」ということを考えると、オオカミが絶対にどんな人間も襲わない、とは私には考えられない。私は結構なオオカミ好きだが、キリスト教や牧畜文化の流れを汲む「オオカミ＝悪魔」という視点にも、その反動としてニューエイジ思想と共に生じた「オオカミは高貴なる野生の象徴であり絶対的に平和な生き物である」という視点にも賛成しない。

フランスでは保護区から国境を超えて来たオオカミによる牧畜被害が出ている。イタリアのアブルッツォ国立公園ではオオカミが夜な夜なゴミを漁りに集落に来ると共に、時には家畜を襲っていた。捕食者による家畜への被害は決して「昔のこと」ではないし、「保護すべきもの」だからといって人間の思い通りに大人しくしてはくれない。だから再導入に反対というわけではなく、危険性や被害を勘案した上で、「それも野生動物と向き合う上で許容すべきだ」と考えるならば、オオカミを増やすという選択もある。だが、それはリスクを理解した上でのことだ。「被害がわずかでもあってはならない」も「被害は絶対にない」も等しく非現実的だ。

なお、一部で取り上げられている日本へのオオカミ導入に関しては、日本人の自然への態度、国土の利用情況、ニホンオオカミの固有性（オオカミの1亜種ではあるが分岐はそれなりに古い）、シカの個体群動態への影響が期待するほどではないだろうこと、オオカミがシカ以外の生物に与える影響の可能性などを理由に反対である。なにより、導入しておいて「やっぱり邪魔だから駆除しろ」となった場合、オオカミ好きとしては耐えられない。

註3【悪魔の扮装】 動物行動学者コンラート・ローレンツは自宅の屋上のニシコクマルガラスのコロニーを観察していた。さて、この鳥たちを捕獲して標識をつけなくてはいけないのだが、素顔で捕獲すると「敵」と認定されてしまい、以後の観察に支障をきたしかねない。そこでローレンツはお祭りの仮装に使う悪魔の扮装を持ち出し、これをすっぽり着込んで捕獲に臨んだという。突然屋根の上に現れた悪魔に通行人はポカンと口を開けていたそうだが、やがて悪魔は尻尾を握って通行人に振ってみせると、屋内に引っ込んだとのことである。

六時間目

社会Ⅰの時間

カラスは個体同士のつながりを持っている。繁殖ペアもそうだし、親子関係もそうだし、群れている若い個体同士にも、繋がりがある。〃つながりこそはカラスの武器〃、でも利害も確執もある。そんなカラスの「社会」を考えてみよう。

カラスの配偶システム

カラスは一夫一妻の配偶システムを持ち、ペアで子育てを行う。ミヤマガラスやコクマルガラスなどコロニー性のものはいるが、ウグイスやオオヨシキリのような一夫多妻とか、タマシギみたいな多夫一妻とか、そういう例は見つかっていない。鳥類の7割ほどは一夫一妻なので、カラスの繁殖は鳥としては普通で、特に変わったところはないわけだ。

哺乳類の場合、雄が子育てに関わらないという種類は少なくない。鳥類でもカモの仲間などは雄が子育てに関わらないが、多くの鳥では雄も積極的に子育てを行う。これは別に鳥が進歩的でジェンダーフリーなイクメンというわけではなく、単に「なるべく急いで何羽もの雛を成長させるには、2羽がかりで餌を運ばないと間に合わない」という理由である。また、授乳が必要な哺乳類と違って、鳥の雄は最初から餌運びに参加することができる。鳥類でも、カモ類のように雄が子育てに参加しないという例はあるが、カモの雛は生まれた直後から歩ける上、餌は植物質で、餌場に行きさえすれば雛にも食べられる。これが雌だけでも子育てが可能な理由であり、雄は雌に後を任せて逃げてしまえるわけだ。

一夫多妻の鳥も、雄をアテにしない場合がある。例えばオオヨシキリの雄は同時に何羽もの雌とつがいになる。雄は「第一夫人」の子育ては積極的に手伝うが、二号さんになると手抜きをし、三番目ともなるとほとんど何もしない。にも関わらず、雌がその辺であぶれている独身雄の所へ行き、正夫人になって子育てを手伝ってもらわないのはなぜか？それは、オオヨシキリの縄張りの質は雄によって極端な格差があり、その差が残せる子孫の数に直結するからである。安全で良い縄張りさえあれば、雌1羽でも子供は残せるのだ。「貧乏人の本妻より金持ちのお妾さんの方が裕福」、これがオオヨシキリの

現実である。また、良い縄張りを構えている雄は恐らく「性能がいい」。サバイバル能力があり、栄養状態がよく、いち早く繁殖地に到着している証拠だからだ。だから、そういう雄の遺伝子をもらっておけば、産まれて来る息子たちもきっとモテモテで子孫繁栄は確実だ。雄は雄で、寄って来る雌と交尾しておけば勝手に子供を増やしてくれて万々歳。まるで戦国時代のような厳しい話だが、動物が子孫を残すのは、かくも鎬を削る攻防なのである。

さて、のっけから夢も希望もない話だったが、多くの鳥類はそこまで世知辛いことはやらない(まあ、表向きは)。カラスも普通にペアを作り、普通にペアで子育てをして、長い間一緒に暮らす。ペアリングは集団内で行われ、縄張りを持つよりも先にペアができる(ただしニシコクマルガラスでは、雄がコロニーの中で巣穴を確保してから雌に求愛することも知られている。もっとも実際の繁殖はずっと後なので、地位の象徴として確保しているようなものだ)。カラス類のペア形成過程は完全に解明されているわけではないが、大雑把に言えば、地位の高い雄がモテる。少なくともハシボソガラスやズキンガラスでは、雌間にも競争があると考えられ、結果として地位の高い雄と地位の高い雌がペアになる。地位の高い個体というのは攻撃的で元気で実力のある個体、つまり、どこでも遠慮なくやって来て我が物顔に振る舞い、文句をつけたくても腕っ節が強くて、常にお目当てのものを抜け目なくゲットして行くヤツ、という事になる。人間だとなんだかイラッとするタイプだが、縄張りを守り餌を持って来るパートナーとしては心強い。

もっとも、カラスがペアになる過程を見届けたという研究は、せいぜいローレンツによるニシコクマルガラスの観察くらいだ。これは屋上の小屋で半分飼育していた（自由に出入りできるようなっていたので、餌は外で勝手に採って来ていたようだ）何羽もの個体に足環をつけ、個体識別したという特殊な例である。完全に野外ではどうかというと、どうしても断片的な観察にならざるを得ない。

はっきりと「あ、こいつらデキてる（あるいは言い寄ってる）」とわかるのは、相互羽づくろいを見た時である。カラスのペアはしばしば、相手に頭や首筋を差し出して羽づくろいしてもらう。うっとりと目を閉じていることも多い。終ったらお返しに相手を羽づくろいする。すると、そのお返しにまた羽づくろいしてくれる。そこでまたお返しに（以下略）（註1）。

さて、優位な……つまりモテる雄には、羽づくろいのために2羽の雌が寄って来る例があるようだ。時には雄を独占しようとして雌同士が喧嘩を始める。これが「雌間に雄をめぐって競争がある」ということである。ローレンツもニシコクマルガラスで観察しているし、霊長類でもこのような観察がある（註2）。相互羽づくろいはペアになってからも頻繁に行う。求愛給餌もそうだが、ペア間の結びつきを強化する意味があるのだろう。

残念ながらデータを取ったことはないが、印象で言うと、ハシブトガラスは「頭掻いて」と言わんばかりに相手に頭を差し出す事が多く、ハシボソガラスは首を差し出して羽毛を立てることが多い、よう

▲ぼくらも立派なオトナになりたいな

な気がする（註3）。もっとも、別の理由でそういう体勢になることもある。いつだったか、真夏のクソ暑い日に周囲を警戒していたハシボソの雄が雌の横に戻って来て、あまりの暑さに首をまっすぐに立てて口を開け、羽毛を全開したことがある。カラス的には、まっすぐ伸ばして開けた口から煙突のように体熱を逃がしたかったのだろうし、羽を立てて少しでも風通しを良くしたかったのだろう（見た目は試験管ブラシみたいになってしまっていたが）。さて、これをじーっと見ていた雌は、突然、雄の首を羽づくろいし始めたのである。「私の目の前で首を伸ばすってことは、掻いてほしいってこと？」と思ったのだろう。雄は「？」といった顔で一瞬、雌を見たが、まあ別にいいやと思ったのか、そのままじっとしていた。だが、あれは絶対、雌の勘違いである。また、飼育されているカラスも、人間に「頭掻いて」と差し出して来ることがある。

ただし、一つ注意がいる。最近、ハシブトガラスの集団内で、ペア関係とは違う相互羽づくろいがあるらしいことがわかってきた。慶応大学の伊澤らの研究によると、飼育している群れの中で、高位個体が、劣位個体に対して羽づくろいすることがあるという。どうやら融和的な関係を作ろうとしているのではないか、とのこと。サルの仲間の相互毛づくろい（グルーミング）の社会的機能を考えるとありそうなことだ。だが、この時の劣位のカラスは「全く気持ち良さそうじゃない」らしい。確かに私だって、偉い先生に「やあ松原君、ちょっと肩をもんであげようか」なんて言われたらリラックスできるわけがない。何かあるんじゃないかと心配で生きた心地もしないだろう。

さて、ニシコクマルガラスやズキンガラスのような、雌が雄を巡って争うというのはあまり聞かない話だが、能力の高い雄が子育てに参加する事が重要ならば、雌だって雄を選ぶだろう（長期間の子育てに参加してもらいたいのだから、「交尾して遺伝子だけくれ」という手は使えない）。また、少なくともハシブトガラスやハシボソガラスはペアを作ってから縄張りを奪取するので、パートナーの戦闘能力は雌雄ともに重要だろう。また両親つきっきりで2、3羽の雛を独立させるだけでも数ヶ月かかるのだから、雌を何羽も囲って「勝手に育てといてね」は無理だろうし、自分が手伝っても手が回り切らないだろう。「縄張りを確保するのも子育てするのもとにかく手がかかるので、2羽がかりじゃないと絶対無理、浮気してる暇なんてありません」というのが、カラスの雌雄が仲良くしている理由だと思われる。となると、地味に実力で勝ち上がるしかないのだろう。

ただし、コロニー繁殖を行うミヤマガラスではＥＰＣ（つがい外交尾、Extra Pair Copulation）がしばしば見られる。ペア雄が今ひとつイケてない場合、雌は優れた雄の遺伝子だけをもらう、という手も使っているのだ（註４）。ハシブトガラスやハシボソガラスでも、絶対にあり得ないとは言えない。なお、雄にとっては「誰が育ててくれるのであれ、とりあえず卵を生んでくれれば子供が増えるよね」というのがＥＰＣの利点。雄にとって交尾のコストは低いので、ついでに交尾しておく程度で子供が増えるなら大成功である。一方、雌の場合は自分が産んだ卵の数以上には子孫が増えないので、雄選びが重要になる。

実はミヤマガラスでも雄によってＥＰＣの成功率が違う。鳥の場合、雌が座り込むと交尾不可能なので、成功率とは雌の受け入れ率とだいたい同じ意味だ（註５）。ミヤマガラスの場合、実力のない若造は撥ね付けられるが、地位が高く、年取った雄だと受け入れられやすいという。地位が高いということは実力があるということであり、年寄りということは様々な試練をくぐり抜けて生き残った、ということである。どちらも優秀な遺伝子の持ち主であることを示唆する。要するに素敵なおじ様は最強。ちなみにニホンザルでは若い雌より年寄りがモテる。経験を積んだ雌は子育てが上手だからである。若いことがステータスになるとは限らないのだ。

さて、カラス科鳥類の中では、カケスの仲間でしばしばヘルパーが見られる。ヘルパーとは、親鳥以外の子育てを手伝う鳥のことだ。ヘルパーには一次ヘルパーと二次ヘルパーがある。一次ヘルパーとは血縁のあるヘルパーの事だ。一般に動物は他人の手助けをやりたがらないが、血縁者の子育てを手伝えば間接的に自分と同じ遺伝子を増やすことができる

▲ヘルパーは天職かもしれない

ので、「他個体に協力する」という行動が進化することもあり得る。二次ヘルパーの方は血縁がない。不思議なのだが、血縁でもないのに手伝う個体もいるのだ。もっともアフリカのヒメヤマセミの研究では、二次ヘルパーは仕事をサボりがちだったという。どうやら「追い出されない程度に手伝っておいて、このペアがいなくなったら俺がこの縄張りを頂くとしよう」という魂胆らしい。

もちろん、ヘルパーなんかやるより自分の子供を育てた方が、確実に自分と同じ遺伝子が残る。だから、普通ヘルパーになるのはペアが得られない、縄張りが得られないといった個体だ。ヤブカケスでは営巣に適した場所が足りないため、独立して巣を構えるのが難しいらしく、自分の育った場所に留まっ

▲掃除機ってホントに便利

てヘルパーになることで兄弟姉妹を多く残そうとしている。住宅難ゆえの大家族というわけだ。

では、狭い意味での、カラスっぽいカラスについてはどうだろう。カラス属は社会性の鳥と言われているが、繁殖はペアだけで行うものが多い。しかし、スペインのハシボソガラスでヘルパーが見つかったことがある。このヘルパーは直接の子供ではないのだが、繁殖個体との血縁度が高かったという。なんとしてもわからないのは、「なんで相手が血縁者だってわかったの？」という点だ。残念ながらこの研究ではヘルパーがどうやって定着したのかは観察されていない。

ヘルパーのつくカラスとしてはアメリカガラス（ナミガラス）もある。同所的に分布するウオガラスは縄張り意識が強いのだが、アメリカガラスは多少緩く、ヘルパーがつきやすいのではないかという。このような社会構造の違いについて、ウオガラスが季節的に移動を行うのが理由かもしれないという意見がある。渡り鳥の場合、「お隣さん」が誰になるかはわからない。ひょっとしたらとんでもなく厄介な相手かもしれない。そうすると縄張り防衛が極めて重要になる。一方、留鳥ならお隣さんが変わることがなく、お互いに気心も知れているはずだ、というのがこの説の根拠である。ただしこの仮説が正しいかどうかは実証されていない（註6）。

というわけで、「特に変わったところはない」はずのカラスのペア関係や繁殖も、なかなか複雑なのである。

註1【そこでまたお返しに(以下略)】 最後は「ぴとっ」と2羽で寄り添っていたりする。お前らええ加減にせえ。

註2【霊長類でも】 ヒヒの仲間では、順位の低い雌が高位の雌に見つからないよう、雄の陰に隠れながら毛づくろいをした、という観察がある。この例は「高位の雌にバレたら怒られるとわかっていたのではないか」と考えられている。このように「相手も自分と同様、何らかの行動原理を持っていると仮定して、相手の反応を推測しながら行動する」のはなかなか高度な能力が必要だという議論があり、「心の理論(Theory of mind)」と呼ばれている。

註3【頭を差し出す】 頭と首筋というのは、それぞれの種の特徴的な部分だというのが面白い。ハシブトガラスはポワポワで突っ立てた頭の羽が、ハシボソガラスはキラリと光る首筋の羽毛が、勝負どころになっている、のかもしれない。なおハシボソガラスの雄は首をシャンと伸ばしていることが多く、普段の姿勢も首を強調しているように見える。

註4【遺伝子だけをもらう】 優秀な雄の子育てが必要だからその手は使えないって書いた直後にコレである。正直、書いていて自分でもよくわからなくなったが、恐らく、ミヤマガラスはコロニー繁殖のため集団で巣を防衛でき、餌場も共用なのが大きな理由。これだと雄の能力が防衛や採餌に影響しにくいだろう。また、1本の木に10ペア以上も営巣することもあるので、隣人との距離が極端に近いのも理由だろう。縄張り防衛の厳しいハシブトガラスやハシボソガ

ラスでは、他所の雄は入り込みにくいと考えられる。

註5【雌の受け入れ率】 カモ類では「オレと付き合えよ」という雄のハラスメントが著しいため、雌が仕方なく受け入れている可能性もある。実際、「オスによるレイプ」という表現を用いた論文もある。最近の理論的研究では、雄が言い寄って来てあまりにうるさい場合、気に入らない雄でも交尾してしまった方がマシ、という解もあり得るという。カモ類もペア雄がエスコートしていないと、雌は独身雄につきまとわれて十分に採餌できない場合すらある。渡りと産卵を控えた時期に体力を落とすのは大きな損失だ。

註6【お互いに気心も知れている】 ただし、渡り鳥には同じ場所に戻る傾向が強いものも多く、

さらに去年の「お隣さん」を覚えているものがあるので、「渡りをするからお隣さんがどこの誰かわからない」とは限らない。この、カラス2種の繁殖生態についての仮説はちょっと弱いかな、とは思っている。

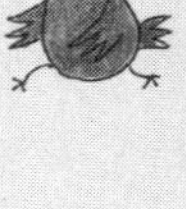

営巣場所と造巣行動

ここでちょっと問題。以下のような文章を見てどう思うだろう。

「明治神宮のような大きなねぐらには巣がたくさんある」

巣がたくさんあって、カラスが座って寝ている、という想像をした方。ジュウシマツのようなメジャーな飼い鳥が巣の中で寝るのを思い出したのなら無理もないが、実は、親鳥が巣で眠ることはほとんどない。あったとしても卵や雛を抱くついでである。上記の例文は大間違いなのだ。

鳥の巣というのは、卵や雛を入れておくためのベビーベッドみたいなものである。雛が巣立ってしま

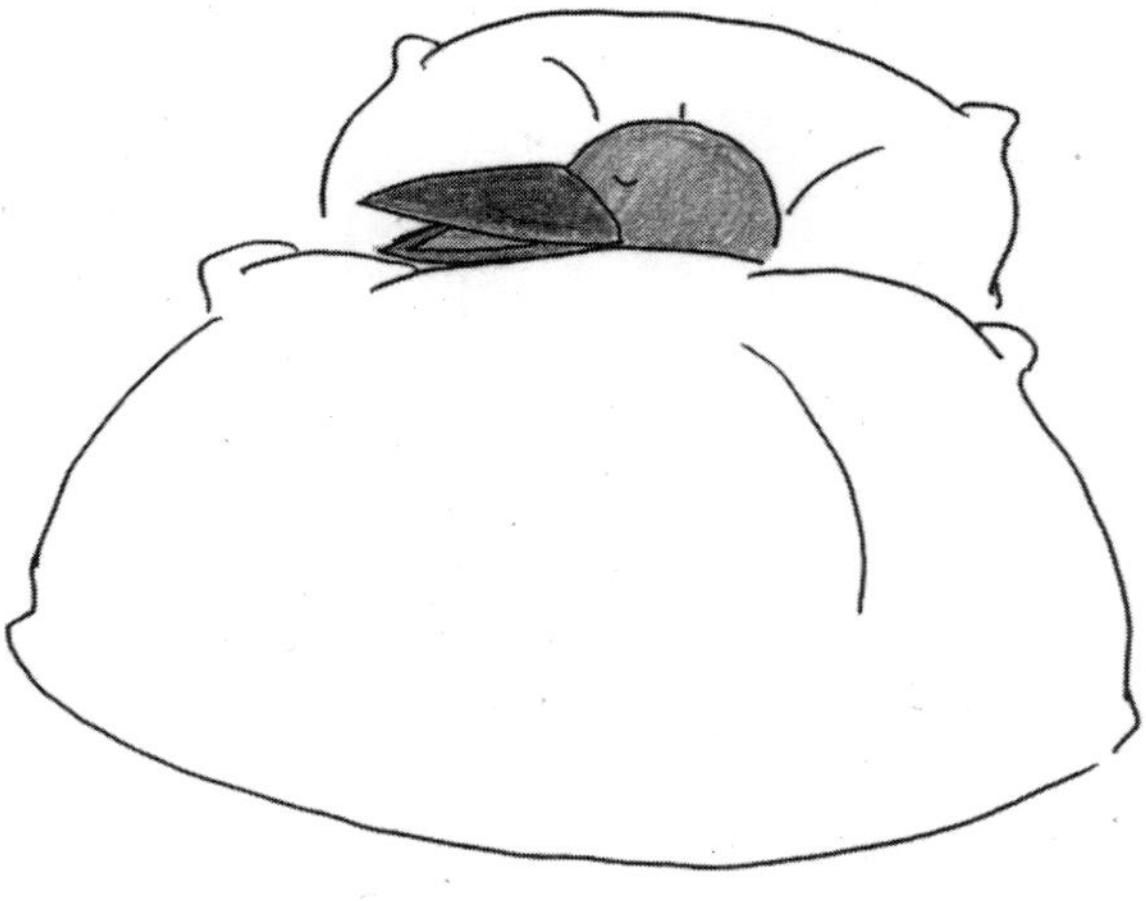

▲自分の部屋の、自分の布団……しあわせ

えばもう使うことはない。シジュウカラなど樹洞営巣性の鳥では、巣穴に潜って暖をとることもあるようだが、鳥としては例外的な部類になる。では、ねぐらではどうやって眠っているのか？　もちろん、枝に止まったままである。ウマだって普通は立ったまま寝るのだから、「横にならなきゃ眠れない」とは限らない。鳥の場合、脚を曲げて体重をかけると指が握り込まれる構造になっているので、寝ている間に力が抜けて落下する、ということもない。もっとも実家で飼っていたジュウシマツは夜中にバランスを崩して落っこちることがあった。ジュウシマツは２５０年にわたって飼い鳥として育種されてきた鳥なので、そういうアホ可愛いところがある。

さて、カラスの巣を探してみよう！　と思った方。まずはカラスのペアがいるところを探し、その辺で一番大きな木のある所を見てみよう（公園とか神社とか、古いお屋敷とか）。その中で、一番よく葉っぱが茂っていて、あまり人が近づかない木を見上げてみる。すると、高いところに光の透けない、黒っぽい塊が見えないだろうか。葉っぱが重なっているのか、それとも？　見上げたまま周囲を回ってみると、葉っぱや枝の重なりなら見え方が変わる。だが、ずっと同じように丸く黒い塊に見えていたら、それが巣だ。双眼鏡で覗くと、枝やハンガーを重ねた構造が見えるはずだ。

ところが、「発見！」と思っていたら同じ縄張りの中に他の巣が見つかることがある。カラスが使う巣は一度に一つだけだ。それなのに、なぜだろう。

敵の目を欺く偽巣という意見もあるが、そんなものをせっせと作っている様子を見たことはない。にもかかわらず、使っていない巣が縄張り内にある理由はいくつかある。一つは去年の巣が残っている場合だ。翌年に同じ巣を続けて使うことは滅多にないが、カラスの巣は頑丈なので、雪や台風で落とされなければ1年くらい平気で残る。よく見ると枝が抜け落ちたりして傷んでいるのがわかるが、パッと見ただけでは区別しにくい。

もう一つは繁殖をやり直した場合だ。カラスは年1回繁殖だが、途中で失敗するとやり直す場合がある。この場合も失敗した巣を放棄して新たに巣を作るから、再営巣の場合はその年の巣が二つある、という状態が生じる。

そして、巣を作りかけてやめてしまう場合。これも営巣失敗の一種と言えるだろうが、産卵もしない間に作りかけの巣を放棄して新たに作った例を見た事がある。理由は、隣

▲うち、頑丈ですので

の縄張りとの喧嘩が絶えない上に縄張り境界線に近すぎたからだ。また、雌がそろそろ産卵にかかろうとしているのに雄はまだ巣造り気分で、枝をくわえてきてはウロウロしている、という例も見た事がある（ただし50巣くらい追跡したうちの1巣だけだが）。巣に枝を入れようとすると雌に怒られるのだが、せっかく持って来た枝を捨てることもできず、仕方ないので隣の木にもう一つ巣を作り始めていた。この夫婦間の行動の齟齬《そご》はすぐに解消されたようで、枝を5、6本組んだところで放棄されてしまったが、もし雌雄の息の合わない情況が長く続けば、もう少し巣らしい構造物ができてしまう事も、あるかもしれない。これらの使っていない巣が結果として偽巣として機能するという事はあるかもしれないが、それを狙ってわざと作っているというわけではなさそうである。

一方、1年は平気で残るはずのカラスの巣が残らない場合がある、というのも事実だ。雪や台風で落ちてしまうこともあるだろうが、そういうわけでもないのに、忽然と消える場合もある。この理由の一つとして、翌年の営巣の際に分解して巣材をリサイクルしている例が見つかっている（常にやるわけではない）。考えてみれば足と嘴だけで枝を折り取るのは大変な行為で、1本の枝を取るのに早くても1分程度、長ければ何分もかかることもある。しかも、カラスの巣に使われる枝の数はかなり多い。粗雑に見えるキジバトの巣でさえ百本くらいの枝を使うというから、カラスは恐らく、それ以上だ。それならば既に折ってある枝を活用するのは合理的だ。剪定してまとめてある中からヒョイヒョイと適当な枝を抜いて行くカラスを見た事があるし、ベランダからハンガーを盗んで行くのも同じようなものであろう。だから、巣をバラして再生利用することの利点は十分にあると思う。

それなら同じ巣を補修してずっと使えばいいのに、と思うが、これはまずやらない。今までにずいぶんたくさんのカラスの繁殖を見て来たと思うが、同じ巣を続けて使ったのは一度しか見た事がない。普通、カラスは縄張りの中に営巣候補地をいくつか持っており、その中のどれかを使う。ある巣で営巣に失敗すると、次の候補地である別の木に巣をかけなおす。成功した場合でも、翌年はまた別の木に続けて営巣するとは限らないからといって同じ木に続けて作ったとしても、巣は別の枝に新たに作る。同じ場所では捕食者に場所を覚えられている可能性があるし、外部寄生虫も巣についているかもしれないので、変えた方が良いのだろうか(ただ、巣材リサイクルと寄生虫防除は相反しそうなので、今のところ「寄生虫を避けるためです」と言い切るのはやめておく)。

これとは別に、晩秋から新年あたりにカラスの巣

新築のハンガーハウス、いいわあ!

が消える例もあるという。撤去や剪定が理由ではないらしい。季節的に巣材リサイクルとも違うようだ。私も晩秋から冬にかけて、ヒョイと古巣に降りて来たり、つついたりしているカラス、それも時には巣の持ち主ではなさそうなカラスを見かけたことはあるのだが、何をしたいのかは全くわからなかった。古巣の扱いに関して、まだ誰も知らない行動もあるのかもしれない。

ところで、カラスの巣材に好みがあるように感じたことがある。少なくとも、京都市のハシボソガラスはサクラが好きだ。α、β（後述）のペアも毎年シイの枝に巣をかけていたが、周辺のシイではなく、わざわざ少し離れたサクラまで行って枝を折って来る。巣を見ても、巣材はサクラが多い。花芽がついたサクラを巣に使うなど贅沢の極みだが、その理由はよくわからない。林学科の友人にサクラに何か特徴があるのかと聞いたが、乾燥させた材ならともかく、生木の状態での特性はあまり変わらないのでは？　と言われてしまった。ただ、折った時の匂いはかなり違うので、匂い物質による化学的な作用があるのではないかとも言われた。この意見については何とも言えないが、猛禽類の事を考えると、あり得ないとも言い切れまい。猛禽は葉のついた枝を巣に持ち込むことがしばしばあり、しかも枯れると瑞々しい枝に取り替えるからだ。この行動は青い葉の防虫・殺菌効果を利用しているのではないか、と言われている。何にせよカラスは、入手できるならどんな枝でも針金でも使うようなので、仮にサクラの枝に防虫効果があるとしても必須というわけではないのだろう。

なお、東京でよく使われるのはイチョウの枝である。これは街路樹として植えられている例が多いからだろう。もう一つ、イチョウの枝は比較的柔らかいため、嘴で切り取りやすい、という理由もあるだろう。

さて。カラスの造巣行動には分担がある、とされる場合がある。確かに産卵が近づくと、産座を整えているのはだいたい雌だ。だが、外巣を作るのが雄だけ、ということはなさそうである。どちらが雄かはわからないにしても、見ていると2羽とも枝を持って来るからだ。産座を作るのが雌、とも言えない。産座用の巣材も、やっぱり2羽で持って来るからである。ただ、どちらが熱心にやるか、という点では、雌の方が産座作りに熱心なような気はする。とはいえ標識してちゃんと努力量を計測したわけではないので、あくまで「気がする」程度である。また、カラスの産卵や抱卵はなんとなく始まるので、産座を作っているんだか雌が座り込んで産卵しようとしているんだか、それとも卵を抱いているんだかわからない、という理由もある（註1）。

一度、カラスが産座を作っている様子を、上から観察したことがある。私の職場は丸の内だが、窓の外を時折、カラスが飛ぶ。視野の隅を黒いものが飛ぶと反射的に振り向いて確認してしまうのだが、ある日、そうやって振り向いたらハシブトガラスが何かをくわえて飛んで行くのが見えた。そのまま目で追っていると、なんと丸ビルの前の並木へ。双眼鏡を取り出して確認したら、作りかけの巣がある。私のいる部屋からも見えるが、あの場所なら、丸ビルからモロ見えなんじゃ……。そう思って行ってみたら、実に都合のいい場所に休憩スペースがあり、こ

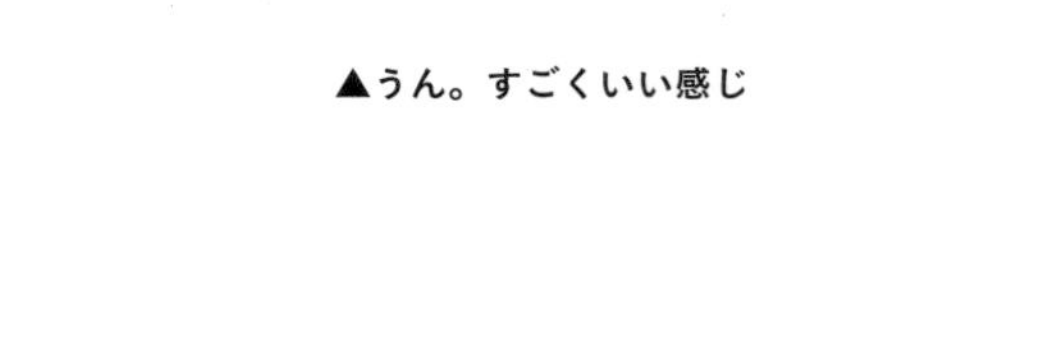

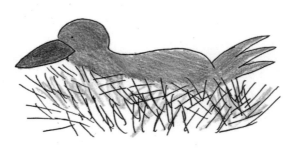

▲うん。すごくいい感じ

こからバッチリ見えることがわかった。その気になれば下のカフェでコーヒーを買って、ソファに座って寛いだままカラスを観察できるわけだ。自分史上、快適度ＭＡＸ。視点の高さは巣より少し上だ。階段を上がると、完全に巣を見下ろす視点も得られる（註2）。

外巣はほぼ完成しており、枝と針金を組んで作ってあった。ハンガーではなく、被覆した太めの針金だ。工事現場からでも拾って来たのだろうか。産座は半分ほどできており、ちょうど今、１羽が綿のようなものをくわえて入って来たところだった。綿そのものが捨ててあることはあまりないと思うが、ソファや座布団が粗大ゴミとして捨てられていれば、ここから引き抜いて来ることができる。とはいえ東京駅前の、いかにもオサレなところでどうやって？（註3）

綿以外に使われていたのは素朴な藁状のもの。恐らく、駅前ロータリーの植え込みの根元から枯れ草を引き抜いて来たのだろう。作りかけの産座に綿の塊をボンと置いてあったりして、いかにも「内装工事中」な感じだ。カラスはここから巣材を編み込みつつ、胸で押し付けながら体をゆっくりと旋回させて作業を進める。これが、産座が雌の体サイズにピッタリと合い、しかもきれいな円形になる理由だ（註4）。

この巣で産座作りや抱卵中の巣内の様子をガッツリ観察するつもりだったのだが、あっという間に撤去されてしまったので優雅な調査計画は実現しなかった。なにぶんビルの正面玄関まで徒歩数秒という位置ゆえ、さすがに見逃してもらえなかったのであろう。ここのカラスは割と大人しいから、例え子育てしていても客の頭を蹴り飛ばすようなことはしないと思うんだけどなあ。

このペアは翌年、さらに巧妙な場所に営巣した。駅前広場の、換気塔の中である。換気塔と言ってもちょっとした建物くらいある大きなものだ。内部は鉄骨やコンクリート柱で支えられているので、そのどこかに営巣したのだと思う。「思う」なのは、周囲のビルを片っ端から試したのに、どこからも見えなかったからである。見えた可能性があるのは丸ビル36階の超高級リストランテだ。1万円のランチコースを予約して窓際の席を指定した上、ひたすら双眼鏡で窓の外を見ていたら間違いなく不審人物なので、さすがにやめた。ただ、この巣も換気塔のメンテナンスで見つかって撤去されたらしく、雛が孵化した様子はなかった。丸の内はいろいろと、カラスにとって厳しい場所のようだ。

註1【産卵しようとしている】 鳥は一般的に一日1個以上は産卵しない。何個か産んで一日休み、また産むこともある。カラスの1腹卵数は4～5個だが、これを産み切るには最短でも5日か6日かかるはずだ。なお、カラスは逐次抱卵と言って、先に産んだ卵から抱き始める。従って雛の孵化も数日ずれる。

註2【巣を見下ろす位置】 このペアは大丈夫だったが、一般にカラスは巣を見下ろされることを極端に嫌う。鳥より高い位置にいると「自在に巣を襲うことができるポジション」と見なされるようだ。最近、アパートのベランダなどで威嚇されたという例があるようだが、だいたいは洗濯物を干すたびに巣を見下ろしてしまっているからだ。

註3【いかにもオサレなところ】 とはいえ、大手町側、有楽町側ともにガード下は気楽で楽しくも裏ぶれたところであり、こういう所に何かが落ちているのかもしれない。恐らく、餌もこの辺りで得ているのだろう。一度、スルメにしか見えないものを食っていたが、キオスクで買って来たんじゃないだろうな?

註4【雌の体サイズにピッタリと合い、しかもきれいな円形】 これはカラスだけではなく、鳥の巣の多くに当てはまる。チドリは川原など裸地に営巣するが、胸を地面に押し付けたまま、足で地面の砂利を跳ね飛ばしながら回転し、体にぴったりの窪みを作る。

ハシボソさんとハシブトさんの種間関係

学生時代、生物調査のアルバイトに行った時のこと。定点の目の前は小さな川で、その中州に肉がどっさり落ちていた。なぜそんな所にあったのかはわからない。ひっくり返ったスチロールトレイが見えたから、廃棄されて流れ着いたのかもしれない。

その場所はハシボソガラスの縄張り内だったらしく、2羽のハシボソガラスが肉の横に降りて来て、盛んにガーガーと鳴いていた。鳴くばかりでちっとも食べないと思ったら、すぐ傍の樹上にハシブトガラスがいて、じーっと肉を見ているのだった。そのうち、ハシブトガラスはヒョイと中州に降りて来ると、ハシボソガラスを威嚇しながら接近し、バクバクと肉をくわえた。喉袋どころか嘴まで肉で一杯にすると飛び立ったのだが、ほんの1分もすると戻って来て、またバクバクと肉をくわえて行った。ハシボソ夫婦の方はハシブトのいない間に肉を食べてしまえばいいのに、ハシブトを遠巻きに追跡するやら、樹上で威嚇声をあげるやらで、ちっとも食えていない様子。結局、その肉のほとんどをハシブトに横取りされてしまった。2羽がかりでもハシボソはハシブトの侵入を止められなかったのである。

ハシブトガラスとハシボソガラス。日本では同所的に分布して、お隣さんである事も多いが、お互いに縄張りからは排斥《はいせき》し合う鳥だ。

この2種の関係は、ちょいと微妙である（註1）。ハシブトガラスはハシボソガラスを歯牙にもかけていない……ということはないのだが、本気で恐れてはいないようにも見える。一方、ハシボソガラスはハシブトガラスのことを本気で強敵扱いしている節がある。やはり、2種の大きさの違い（ハシブトガラスの方が大きい）から非対称な関係になっているのではないかと思う。いくつか、観察例を挙げて見よう。

冒頭に述べたように、ハシボソは本気になったハシブトを止められない。だが、ハシブトが見逃してくれたらどうなるか？　下鴨神社で調査中、忽然《こつぜん》と調査地に現れて住み着いたハシボソガラスのペアがいた。このペアは超弱小で、縄張りの広さはわずか1ヘクタール強。営巣場所にも事欠く有様で、繁殖に成功したことはない。その上、このペ

アの縄張りは驚くべきことに、完全にハシブトガラスの縄張りの中にあったのである。少なくとも本人たちは自分の縄張りと思っている証拠に、ハシブトガラスが上空を通過するたびに律儀に怒る。だが、ハシブトガラスは全く気にしていない。弱小ハシボソペアなどガーガー言うだけで攻撃力があるわけでもなし、そんな利用価値のない端っこなどくれてやるわ、と言わんばかりだ。もちろん、ハシブトの巣に近づきすぎたり、町なかの餌場に出て行こうとすると怒る。要するにハシブトガラスにお情けで住まわせてもらっていたようなものである。

もっとも、ハシブトがお隣さんに遠慮したり、自分の「泥棒行為」がバレないようにしたりすることもある。ある日の夕方、高野川の御蔭橋《みかげばし》あたりの道路沿いの電線に止まって、じーっと上流を伺っているハシブトガラスのペアがいた。橋のすぐ上流側で、パンをちぎってハトに与えている人がいたのである。その人がいなくなった途端、ハシブト2羽は黙ってスッと翼を広げて電線を蹴り、急降下しながら速度を上げた。そして、無言で橋の下をすり抜けて（しかも遊歩道と橋の隙間、高さ2メートル余りの空間を抜けて）着地すると、そそくさとパン屑を拾い上げた。そして、また橋の下を潜って下流へ逃げると、ビルの間を縫いながら自分の縄張りに戻って行った。ここには橋を挟んで上流側と下流側に2ペアのハシボソガラスが存在している。しかも、どちらもハシボソにしては大柄な上に強気で、普段からこのハシブトと喧嘩を繰り返している。そういう

相手に対しては、ハシブトもあまり揉め事を起こさないようにするのかもしれない。

このように書くと擬人化しすぎだと言われそうだが、生物学的に表現すれば次のようになる。動物の戦略として、無駄な喧嘩はしない方が得だ。闘争の間は餌が取れず、エネルギー消費が跳ね上がり、勝っても負けても怪我をするリスクまであるが、コストを上回る利得が期待できるなら、闘争にも価値がある。逆に喧嘩にならないようコソコソすることの利点は、とにかくコストが小さい……少なくとも喧嘩と違って怪我はしない……という点にある。利得とコストの差、つまり見込むことのできる純益が大きくなるならば、「あえて闘争を避ける」という戦略もあり得る。要はハイリスクハイリターンな博打に出るか、手堅くローリスクローリターンで行くかだ。

……と書くと「動物って賢い！」と思われるかもしれないし、「そんな冷徹な計算してるの？」と思われるかもしれない。だが、計算抜きでもこれは可能である。極めて単純に、「あれ食いたい」「でも怖い」という、相反する感情があれば良い。食料が極めて良いものであれば、怖くても諦めきれずに食べに行くかもしれない（利得が極めて大きい場合、コストが同じでも純益が大きくなるので実行した方が得）。相手が非常に怖ければ、おいしい物が落ちていても食べに行くのをためらうだろう（利得が高くても、それを上回るコストがかかりそうなら実行しない）。ここで「恐がりな個体」「食いしん坊な個体」「向こう見ずな個体」などの個体差を想定し（「食いたい」や「怖い」の感じ方、重み付けが個体によって違うということだが、脳内の報酬系の個体差などで説明可能である）、さらに「経験から相手の強さや危険度を記憶する」「餌の採れ具合と腹の減り具合を比較する」といったプロセスを加えれば、だいたい現状を説明できるのではないかと思う。

さて、こういう小難しい話はボロが出ないうちにこれくらいにしておいて、2種の関係について続けよう。あるハシブトガラスを観察していて、ふと気づいたのは「ハシブトガラスの防衛範囲は相手によって違うんじゃないか」という点だった。ハシボソガラスに対しても縄張り防衛行動は見られるのだが、ハシブトガラスに対してはもう少し広い範囲を防衛する。そして、トビなどの猛禽類に対しては、普段なら縄張りから外れている範囲でも飛び出して行き、積極的に攻撃をしかける場合がある。つまり、遠くで迎撃する＝入って来て欲しくない、と考えれば、一番嫌なのは猛禽、次は同種であるハシブトガラスで、ハシボソガラスは「一番マシ」という事になるのだ。図に描くと「対○○用縄張り」が同心円を描いているような具合になる。

このような同心円構造とされるものは、ホオジロに関する山岸哲の研究でも知られている。ただ、カラスでこのような例を見たのはハシブトガラスだけで、しかも一、二度だけ、どちらも郊外の広い縄張りにおいてだった。縄張りが狭い場合、微妙な距離を判定している間に縄張りの中心まで入ってきてしまうから、とにかく最外縁で全部叩き出してしまう方が合理的だろう。恐らく、適当に広い縄張り、適当に競合する餌品目、適当な頻度で来襲する侵入者など、条件が揃った場合でないと、明確な「同心円構造」は見られないのだろう。

そもそも、動物が縄張りを持つのは、独占的に利用できる空間を確保することで資源を占有するためだ。雄が他の雄の侵入を嫌うのは、自分の父性を確保するためである。要するに浮気が怖いのだ。一夏かけて必死になって他人の子供を育てるのはリスクが大きすぎる。

そうすると、縄張りを誰から守るべきかと言えば、全ての資源が競合する相手、すなわち同種で同性の他個体を真っ先に警戒すべきである。繁殖の対象にならず、餌も生活空間も全く違うのならば、同じ場所にいても何ら困らない。ハシブトガラスとハシボソガラスではどうかというと、繁殖という点ではライバル関係にないが、餌はそれなりに重なってしまう。ただ、この2種は餌の好みや探し方がやや違うので、同種どうしほど完全に重なるわけではない。営巣場所もよく似ているが、若干の譲り合いの余地はある。ハシボソガラスは落葉樹でもそれほど嫌がらないからである。

実は、この2種が同所的に住んでいる場合、お隣さんは異種であることが多い。また、同種同士と異種同士で最も近い巣の間の距離を計ると、同種間の距離が大きい傾向がある。茨城県の研究でも徳島県の研究でも、あるいは私の京都の研究でも同じ傾向で、恐らくどこでも同じであろう。これは「競争があるにしても、お隣さんとしては異種の方がまだマシである」という理由だろうと考えられている。いざとなればハシボソを容易に追い払えるハシブトにとっては、「同種は近づくな（ハシボソならそんなに怖くないけど）」なのであろう**（註2）**。

ハシボソガラスの縄張りで明確な「同心円構造」を見たことがないのは、ハシボソがハシブトより弱いのが理由かもしれない**（註3）**。ハシブトが来ると確実に餌を分捕られるため、競合する餌については同種より危険である。競合しない餌もあるのでそのぶん割り引く必要があるが、安心していい相手とは思えない。さらに言えば、ハシブトはハシボソの卵や雛を襲う可能性もある。私はまだ見た事がないが、卵捕食未遂かもしれない例は見たことがある。この時は、通りかかった若鳥集団を親鳥が追い払っている隙に、集団の最後尾にいた1羽がスーッと巣に舞い降りて覗き込んだが、親が戻って来たので何もせずに逃げた。自然教育園にお勤めだった藤村さんに伺った話では、送電鉄塔にあった巣にハシブトガラスが舞い降り、何かをくわえて行くのを見たことがあるという。

一方、ハシボソガラス同士の場合、戦闘力は同じだから勝てない相手ではないが、全ての資源が競合する。この結果、ハシボソガラスにとっては相手が何ガラスであれ、「近づいてほしくない相手」になっており、侵入を許すエリアというものがないのかもしれない。

註1【ちょっと微妙】 だからといってハシブト×ハシボソの擬人化ＢＬ本とか難易度高すぎるものを思い付くのはやめてください。どうもカラス好きには絵師、とうらぶ、腐といったクラスタの人達が多い気がするので。

註2【同種は近づくな】 お隣さんが異種になりがちなのは、ハシブトガラスがハシボソ２ペアの間に割り込むからではないか？　という気がしないでもない。逆にハシブトが黙認してくれない限り、ハシボソがハシブトを押しのけるのは難しそうだ。最初にみんなで一斉に「せーの」と縄張りを決めるわけでもあるまい。

註3【同心円構造】 羽田健三・飯田洋一の論文（１９６６年）では、翌年の繁殖期まで縄張りに居座った巣立ち雛が観察されており、親はこの巣立ち雛が縄張りの中心部に入ることを許さなかったという。これも一種の同心円と言えなくもないが、少なくとも現在、一般的な形ではない。

ねぐら

京都、産寧坂《さんねいざか》や八坂の賑わいから少し離れた冷たい路地に突っ立っていると、次第に夕闇が忍び寄って来る。風が吹くと土塀の向こうで竹やぶがザワッと音をたて、逢魔が時、という言葉がふと頭をよぎる。

吹きつけて来る風の中に、黒い影が次々に踊るのが見えた。来た！　目を凝らし、呪文のように方位と時刻をノートに書き付ける。「16：54、南西、35羽、M10、C8」。Mはハシブト、Cはハシボソだが、飛行中の識別は参考程度だ（註1）。判別不能だったものも17羽混じっている。カラスの群れは次々と到着し、頭上を通って、ねぐらへ戻って行く。

ねぐら、というのは文字通り「寝る所」である。鳥は巣で寝るわけではない、という事は先に書いたが、ではどこで寝るかと言えば、だいたいは木の上だ。カラスのねぐらというと集団ねぐら、「みんなで集まって寝る場所」をさすのが普通だ。

集団ねぐらを持つ鳥は少なくない。駅前ロータリーの並木に集まって鳴き声を響かせている鳥をご覧になったことがないだろうか？　あれは大概ムクドリだが、スズメやハクセキレイも集団ねぐらを作る**（註2）**。夏が終るとツバメはアシ原に集合して集団ねぐらを作るし、内陸にも現れるユリカモメたちは夕暮れになると集団で海に戻り、沖合の養殖イカダなどに止まって眠る。

集団を作る理由にはいくつかの仮説がある。例えば、集団でいると誰かが外敵を発見してくれる可能性が高まるので、警戒能力が上がるという説。外敵が襲いかかって来ても、何百羽もいれば狙われるのが自分とは限らない……おそらく何百分の一の確率でしか狙われない……という「薄めの効果」。例え追いかけられても集団で右往左往すると狙いが絞れず、場当たり的な追撃になって取り逃がしやすい、という説。そして、餌の在処を知っている個体は翌朝一番にまっすぐ餌に向かって飛ぶので、自信ありげに行動する個体について行けば良い、という情報センター仮説（二次会の行き先がよくわからない場合でも、先頭に立って歩く奴に付いて行けば良いのと同じである）。いずれもそれなりに整合性があるし、集団になる理由は一つだけでなくともよい。

さて、夕方にカラスが続々と飛んで行くのは、ねぐらに帰るためである。山岸哲らの研究によると、ねぐらへ戻る集団を見つけると他の個体や集団も次々に合流して来るため、集団は次第に膨れ上がりながら整然と列を成して数十キロメートルの距離を移動したという。この研究が発表された1960年代には、「動物は機械的なもので、刺激に対して決まりきった反応を示すにすぎない」という意見も支配的だった。だから、「たかが鳥ごときが」このような計画性すら感じさせる整然とした行動を取るのは驚きだったのだ、と山岸先生に伺ったことがある。近年では宇都宮大学の杉田昭栄らによるGPSデータロガーを用いた研究があり、やはり30キロから50キロに達する距離を移動している例が見つかっ

ている。

このようにねぐらに続々と戻るカラスだが、ねぐらに入る前に、少し離れた場所に集まってしまうことがある。ここで寝るのかな、と思っていると一斉に飛び立って、本当のねぐらに入ってしまうのだ。こういうのを就時前集合《しゅうじぜんしゅうごう》と呼ぶ。ねぐらに集合する大半の個体が一度集まってから、みんなで移動する、というのが典型的なものだが、必ずしも典型的とは限らない。しばしば体育館の屋根やビルの上などにカラスが鈴なりになっている事があるが、あれも集合の一種だ。ねぐら入りの前に目印になるような場所に集まり、数が増えたところでねぐらに向かうのである。

もちろん、集合もへったくれもなく、1羽でブラブラと戻って来る個体もあるし、早い時間からねぐら付近で過ごしているものもいる。その辺、結構好き勝手というかフリーダムな感じがカラスである。

ねぐらに入ってからも、カラスは落ち着きがない。口々にカアカア鳴いているが、時折、一斉にカアカアと鳴き始めたかと思うと飛び始めることがある。大抵の場合、ねぐら上空を旋回するとまたスーッと降りてしまう。そして、しばらくするとまた大騒ぎしながら上空を旋回する。「沸騰」などとも言われる行動だが、理由はよくわからない。付近にいる個体を呼び集めているのかもしれないし、どこで寝るか意見の統制が取れておらず、思い立ったように移動しようとする個体が一定数いるのかもしれない。

さて、ねぐらは多くの場合、大規模な緑地である。大きな公園、社寺林、山林などだ。稀に、町なかの電線の上、という例もある。こういう時は歩道に糞が落ちるので非常に迷惑がられる（註3）。

ねぐらを利用するカラスは一年じゅういる。だが、ねぐらの規模は季節によって変化するし、消えてしまうこともある。理由はねぐら入りする個体数そのものが変わることと、季節的にねぐらが移動したり、分裂したりすることがあるからだ。

繁殖期のペアは、ねぐらに帰らない時がある（註4）。むしろ帰らないのが普通ではないかという気もするのだが（餌は縄張りの中で採れるはずだし、卵や雛を無防備にしてまで、ねぐらに帰る理由もないだろう）、これはねぐらとの距離、侵入者による縄張り乗っ取りの可能性などによって変化するだろうから何とも言えない。いずれにせよ繁殖期はねぐらに帰らない個体がいるのは確かなので、春から夏にかけて、ねぐら入りする個体

▲冬のねぐら

▲夏のねぐら

は減少するはずだ。

夏を過ぎて、その年生まれの子供たちが独立を始めると、今度はねぐら入りする個体数が膨れ上がる。親鳥たちも子育てを終えたので、ねぐらに戻っても大丈夫だ（必ず戻るとは限らず、晩秋になっても縄張りで寝ているらしい例も見かける）。秋から冬にかけて、ねぐらに参加する個体の割合は増えるが、一方で冬の間に死ぬ若鳥も少なくないだろうから、個体数を減らす方向のベクトルも存在する。そして春になって繁殖が始まると、繁殖個体が抜けてさらに数が減る。このため、秋から冬にねぐらが大きくなり、春から夏は小さくなるのが普通である。

また、季節によって、ねぐら自体が移動してしまうことがある。「夏ねぐら」「冬ねぐら」といった言い方もある。この時、一斉に移動するとは限らず「冬ねぐら」に一部は残り、あとは新しい場所に移動して夏ねぐらを作る」という事もあるし「冬ねぐらの場所を捨て

て移動するのだが、夏ねぐらは2箇所ないしそれ以上」という事もある。だから、ある一カ所を見ていると「季節が変わったらカラスがいなくなった」と見えることもある。どういうタイミングでなぜねぐらを移動するのかは、よくわかっていない。中村純夫の調査では、夏ねぐらの方がわずかに涼しいという結果も出ているのだが、それだけが理由かどうかは判明していない。

ねぐらの移動は非常に面倒である。前述した「沸騰」のように一団がねぐらから飛び立つことがあるのだが、この時に「え？　行くの？　行くの？」と付和雷同してくっついて飛ぶ一団が必ずいる。しかし、飛び立ってみたものの「え？　やっぱりみんな行かないの？」と戻って来てしまう個体がいる。そうすると「え、じゃあ俺も戻る」とどんどん脱落して行く個体が出て来る。こうなると言い出しっぺも強行する度胸がないのか、仕方なくもとのねぐらに戻る。

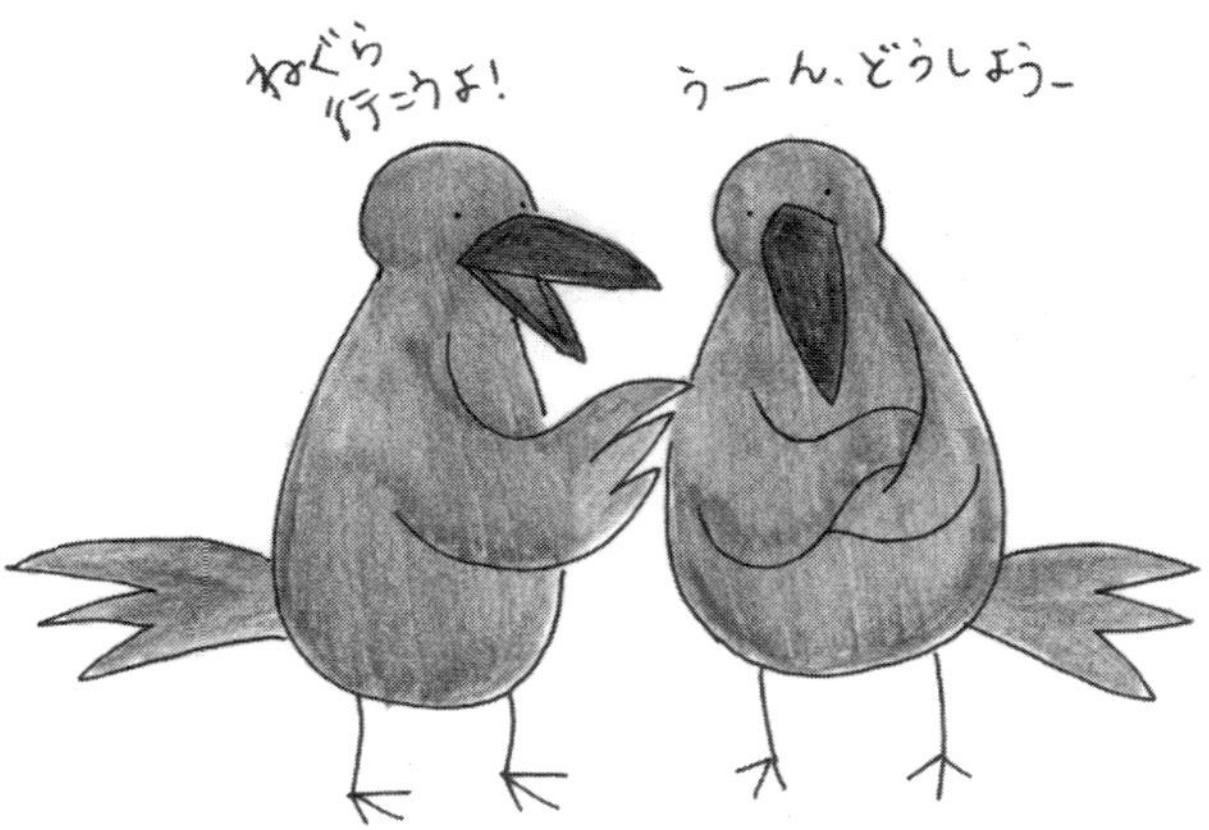

だが、やっぱり我慢できないとまた飛ぼうとする。こういう形で集団が飛んだり降りたりを繰り返し、結局そのまま移動を諦めることもあるし、ついに一部が移動してしまうこともある（もちろん、それでも途中で戻って来る個体もいれば、遅れて追いかけて行く個体もいる）。私が奈良で見ていた時はほんの数百メートル離れた場所に移るのに2時間かかった。烏合の衆という言葉通りだが、見ているとかなりイライラする。

さて、カラス調査というと誰もが思いつくのがねぐら入りのカウントだ。ねぐらに集合するのは非常に印象的な行動だし、カラスをテーマにして定量的なデータを取るには比較的簡単な方法でもある。私はねぐらに関する研究はしていなかったのだが、ねぐら探しやカウントをやってみた事はある。というのも、ある時、指導教官に「昔は宝ケ池のあたりにねぐらがあったが、ありゃ今もあんのかい」と言われて「さあ、その辺りは知りません」と答えたところ、「あんたカラスやってて知りませんはねえだろう」と叱られたからである。なんだか納得いかない気もするが、確かにそういう基礎的な情報を軽んじてはいけない。そこで、京都のねぐらを探し、ざっと個体数を数えてみたのだが、これはかなり大変な作業であった。

まず、ねぐらの位置を特定しなくてはいけない。長野県での先行研究のように明確なストリームを作って「黒い川」のように飛んでくれれば良いが、京都のカラスはそこまできっちりした動きはしない(というか、そんな動きをしていれば既に把握している)。だから、視界の良い場所を選んでひたすら空を双眼鏡で眺め回し、カラスの群れが飛ぶ方角を確かめなければいけない。この時に大変お世話になったのがホテルフジタである。

非常によい位置にある高層建築の上、屋上にはビアガーデンを備えていたからだ。ダメもとでフロントに突撃してシーズン前のビアガーデンに入れて頂けないかとお願いしたところ、二つ返事で使わせて頂くことができた。しかも「ベルさん、ご案内して」

▲当ホテル最高級の部屋でございます

の一言で屋上までベルボーイのご案内付きである。屋上のドアを開けて、ニヤっと笑って「こちらのお部屋でよろしいでしょうか？」と言われたのは冗談だったと思うが、あれは今までで最も優雅な調査であった。タダで使うのは申し訳なかったので、最後にラウンジでコーヒーを一杯飲んで帰った。ケチくさいが、貧乏学生なので許してほしい。

これで当たりをつけたら翌日は場所を変え、ねぐらを突き止められるまで気長に追って行くわけである。産寧坂でコケそうになりながら追いかけた結果、京都の東の方では四条から五条のあたりの東山に一つ、もう少し南に一つ、さらに南の伏見稲荷から丹波橋あたりに一つあることがわかった。宝ケ池は何度か足を運んで確認したが、ねぐらは見当たらなかった。後に、西京ニュータウンあたりにもあることを知ったが、この辺りはもう全然私の行動圏ではなかったので勘弁して頂きたい。

で、それからねぐらで個体数調査であるが、これもなかなか、気の長い話である。

まず第一に、ねぐら入りの時間は非常に長い。本気で数えようと思ったら日没の3時間ほど前から粘っている必要がある。しかも、厳密に数えようと思ったら、既にねぐら内にいるカラスの数をチェックしなくてはいけない。特にハシブトガラスは昼過ぎからねぐらに入っていたりする（彼らはもともと森林性だし、樹林帯でブラブラ休憩するのが好きだ）。

日没が近づくと、ポツポツとカラスが帰って来るようになる。2羽、3羽ならいい。10羽でも数えられるだろう。だが、ねぐら入りが本格化すると100羽ほど一挙に飛んで来ることもある。入って来る方角もマチマチだ。これを生真面目に「1、2、3、4、」と数えていては間に合わない。鳥屋がよく使う手は、素早く10羽を数えておいて、「10羽ひとかたまり」としてサイズ感を覚える方法だ。10羽のかたまりが7つなら70羽、8つより多いが9つまではいかなければ85羽、というように数える。もちろん多少の誤差はあるが、何度もやっていればプラマイゼロになる、ことを期待する。ただ、鳥の群れは平面的に広がっているのではなく、奥行きもあるので注意が必要である。

これを逐一ノートに記録していると、時々、逆方向に飛び出して行く小群もある。これは「出て行った個体」として記録しなくてはならない。そのうちねぐら入りしていた個体が一斉に飛び立ち、旋回を始める。この時、少し離れて見ていれば「ああ、ねぐらの上を回ってるだけね」とわかるが、ねぐらに近づき過ぎていると頭上を埋め尽くして飛び回る集団に翻弄され、「250くらいこっちへ飛んだからねぐら入りかな、あ、200くらい戻って来た、でもそのままこう飛んだから」などとやっているうちにワケがわからなくなる。

さらに、カラスは様々な方角から帰って来るので、一人でねぐら全体を監視するのが非常に難しい。高いビルの上から見下ろせばいい！　と思った方、残念だがそれは無理だ。日没時、闇は足下からやってくる。空を背景に飛ぶシルエットはまだしも発見できるが、地上の暗がりにまぎれて飛ぶカラスを見つけるのは至難の業である。非常に地味だが、受け持ち空域を分割して何人かで取り囲むしかない。これも連繋がうまく取れていないと、カウントが重複したり、お見合い状態で数え損ねたりすることがある。なお、一人で数日かけて場所を変えながら、というのはダメだ。ねぐら入りの個体数や飛来方向は日によって大きく変わる場合があるからである。同じ場所で違う日に3回ねぐら入りをカウントしてみた事があるが、カウントできたカラスの総数はざっと350、280、450だった。条件の違いやカウント誤差があるとは言え、数字がまちまちなのは、個体ごとに日中の居場所や寝場所がしょっちゅう変わるからだろう。ねぐら入りする個体数が日によってこれほど変動する以上、ある地域のカラスの個体数を知りたいなら、付近のねぐらを同じ日に一斉にカウントしないと意味がない。これが、ねぐら入りから「カラスの個体数」を知るのが難しい理由の一つである。

なお、空を見上げてカラスを監視しつつ時計を見て時刻を記録しつつノートを書く、というのはかなり忙しい。もし「ねぐら入りを数えてみたい」という奇特な方がいらっしゃるなら、見る係とノート係の二人で行うことをお勧めする。

もう一つ。カラスのねぐらが最もドラマチックなのは冬だが、夕暮れに立ちっぱなしでカラスを数えていると死ぬほど寒い。五条のねぐらを数えていた時は震えっぱなし、鼻水出っぱなしであった。「これが終ったらあそこのコンビニで肉まん買って食べる、肉まん買って食べる」とそれだけを考えて耐えていたくらいである。やっと調査が終わり、コンビニに行ったら中華まんは全て売り切れていた。憤懣やるかたないまま次のコンビニまで歩いて肉まんを買ったが、もし2軒目にもなかったら私の呪いによって京都は滅びていたはずである。

註1【Mはハシブト、Cはハシボソ】 ねぐらは2種が混じっていることが多い。だが、夜間にハシブトだけ、あるいはハシボソだけが驚いて飛び回っていることもあり、ねぐらの中でなんとなく領域が分かれている場合もあるのかもしれない。ねぐら入りを見ていると、他個体と同じ枝に止まろうとすると追い払われる個体、すんなり許してもらえる個体などがいて、暗闇の中でいろいろと楽しいことをやっていそうなのだが、闇夜のカラスゆえさっぱり見ることができない。なお、一般論として、ねぐら入りはハシボソの方が遅く、まとまって飛んで来る。ハシブトは早い時間からダラダラ入る傾向がある。

註2【ムクドリ】 市街地でも見かけるが、餌場となる草地や農耕地が近くにないと住みにくい鳥だ。駅前にムクドリのねぐらがあるなら、周辺に自然環境が残されている証拠とも言える。なぜ駅前にねぐらを作りたがるのかはよくわからないが、ある程度広くて樹木がある、ライトアップされて外敵が見つけやすい、常に人目があって捕食者を遠ざけられる割に、住居ほどジロジロ見られることもない等の他、「線路を目印にすれば必ず辿り着ける」という理由も考えられる。大きな道路や線路は、河川と同様、上空からよく見えるランドマークになっているだろう。

註3【非常に迷惑】 市街地の電線にカラスがねぐらを作った場合、あの手この手で追い出しが試みられる。騒音やサーチライト、花火などだ。問題はカラスが逃げ出すほど大騒ぎをした場合、人間だっておちおち寝ていられないという事である。また、一回で素直に逃げてくれるとは限らない……というかほぼ無理で、カラスが諦め

るまで連日連夜、嫌がらせをする必要がある。

また、逃げたカラスはどこかで眠るわけで、町じゅうにねぐらが分散して被害を広げただけ、という例も実際にあった。ねぐらの追い払いは非常に厄介な問題なのだ。

註4【ねぐらに帰らない時】 繁殖中のカラスがねぐらに帰ったかどうかを確認するのは大変だ。厳密にやろうと思ったら観察している個体に無線発信器なりＧＰＳデータロガーなりを装着しておき、一晩中カラスの居場所を確認する必要がある。そこまでやったことはないのだが、夜になると巣の近くの枝に止まって眠り始めるのが見えた、夜中に巣の近くで鳴いた、明け方は夕べ寝ていた所から出て来た、といった観察例がある場合、一応は「ずっと巣の近くで寝ていたようだ」と判断している。ただ、森下・樋口らのＰＨＳを用いた追跡調査によると、夜間にねぐら間を移動するカラスも知られているので、カラスが夜間行動しないものと決めつけることもできない。「間違いなく、ずっと巣の近くにいた」というようなアリバイ証明はなかなか難しいだろう。

一方、黒田長久の論文では「雛を置いてねぐらに帰った」としているものがある。この観察によると、一度はねぐらに行ったものの、雛が騒ぐので戻って来て餌を与え、寝かしつけてからねぐらに戻ったという。ただし、論文中ではどのようにして「ねぐらに戻った」「ねぐらから来た」を確認したかは述べられていない。

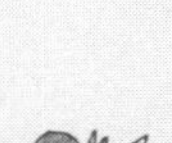

カラスの集団と社会

以前、実験のためカラスの集団にパン屑を投げ与えたことがある。私の回りにカラスがずらりと集まって「カラス前線」ができるのだが、その前線からさらに中まで飛び込んで来るのは、リスクを犯さないと餓死してしまうような弱小個体だ。だが、パンを人間の目の前で食べるのは怖い。といって、前線まで戻ったら仲間に餌を奪われる。そこで、弱小個体は集団を飛び越え、一番後ろでこっそり食べる。

ところがある時、この個体は重大な失敗をした。枝の上で様子を見ていた、大きくて色艶のいい、強そうな個体が集団の後ろに降りて来たのを見逃したのである。「お前ら、何騒いでんだ?」と言うように首を伸ばしている最強個体の目の前にパン屑をくわえて降り立った途端、それが起こった。最強個体が弱小個体に突きかかり、翼に噛み付くと引きずり回して放り出したのである。やられた方は悲鳴を上げ、餌も放り出して必死で逃げてしまったのだが、最強個体は決して、そのパン屑が欲しかったのではない(いやパン屑も欲しかったかもしれないが、主眼はそこではない)。その騒ぎを見た周囲の個体が無言でスーッと引き、花道を空けたのである。グイと胸をそらした最強個体は黙って最前列まで出て来た。恐らく、強いカラスはこうやって社会的な地位の違いを見せつけ、「餌の優先権」を得ているのだ。

動物は社会を持つか？　個体が集まって何らかのインタラクション（関係性）を持っていれば社会だ、と定義しておけば、大概の生物は社会を作っている。ただ、人間が想像するような社会であるかどうかはわからない。人間にとっての「社会」というのは、ヒトという動物の生物学的な特性に基づいているからだ。単独生活が主体で他個体との関係というものが希薄な生物なら、何を尋ねても「それがどうした、俺には関係ない」と答えるだろう**（註1）**。フムン、一度くらい言ってみたい言葉だ。この項では、カラスにとっての「他人」や「他人の集団」というものを、ちょっと考えてみよう。

若いカラスにとって、集団になることで得られるメリットはもちろん大きい。例えば外敵への警戒性や対応能力、餌を発見する効率、繁殖に向けてペアを作るための場などだ。でなければ、集団を作る必要がない。

バーンド・ハインリッチの研究によると、ワタリガラスでは餌を採るために集団が必要だという。ワタリガラスは動物の死骸を発見した時に、大声で鳴いて仲間を呼び集めることがある。自分だけでこっそり食べてしまえばいいのに、どうして仲間と分け合おうとするのだろう？　よく見ると仲間を呼ぶ個体と呼ばない個体があり、同じ個体でも呼ぶ場合と呼ばない場合がある。大声で呼び集めるのは、非繁殖個体が、食べきれないほど大きな餌を見つけて、しかもそこが誰かの縄張りになっている場合だ。縄張りの持ち主本人なら、大騒ぎせずに食べるだけだ。通りすがりの若造が寄って来たら叩き出す。その実力があるからこその縄張り保持者なのだ（註2）。では弱い立場の非繁殖個体はどうするかというと、仲間を呼んで数で対抗するのである。これこそが、餌を見つけたワタリガラスが大声で鳴く理由だ。

ただし、この方法は「みんなで餌をシェアするので、自分の取り分が減る」という欠点がある。もちろん、縄張り持ちに邪魔されて一口も食えないよりはマシだから呼ぶわけだが、「どの程度マシか」はよく考えるべきである。もし餌がうんと小さくて、一口でパクッと食えるほどだったら？　その時はもちろん、パクッとくわえて逃げれば良い。

では、中途半端に餌がある場合は？　一人で留まって食べ続けるのがいいか、邪魔されないように仲間を呼ぶか、これは考えどころだ。

この場合、考えるべきは縄張り持ちとの喧嘩だけではない。呼び集めた仲間が自分より強いかどうかも重要なはずである。冒頭に書いたように集団は厳しいものでもあるのだ。強そうな個体がたまたま近くに来た途端にフライドチキンを放り出して逃げるハシボソガラスも、見た事がある。

もし、「みんなおいでー」と言った途端にジャイアンみたいないじめっ子ばかりが来てしまったら、自分が餌を食えるチャンスは限りなく小さくなる。それならば誰もいない隙に食えるだけ食っておいた方がいいだろう。もし自分が平均的な強さなら、自

▲お前のものはオレのもの！

分より強い奴と弱い奴が五分五分で来るだろう。だったら積極的に呼ぶ方が良い場合も増えそうだ。自分が一番強い（けれども、単独では縄張り持ちの夫婦に勝てない）なら、恐らく、どんな時にも仲間を呼ぶのが正解である。誰が来ようと採餌を邪魔されることはない。集まったものの指をくわえて見ている連中を盾にして、腹一杯食べれば良いのである。

さて、集団内での声の出し方について、非常に興味深い研究がある。慶応大学（当時）の近藤紀子らの研究によると、飼育下のハシブトガラス集団では、良く鳴く個体が決まっているというのだ。一声だけの「カア」という声は全ての個体が出すのだが、続けて「カア、カア、カア、カア」と鳴くのは、地位の高い個体だという。さらに、一声ずつ区切って何度も鳴く声は餌の存在を仲間に知らせるフードコールではないか、という説が、東京大学（当時）の相馬雅代らの研究で提唱されている。実験的にこの声を聞かせると集団が集まって来るからだ。野外でもゴミ集積所でゴミのすぐ上に止まって「カア、カア、カア、カア」と鳴いている個体を実際に観察することができる。これらの考察と結果を総合すると、「地位の高いハシブトガラスは誰が来ても負けないので、とにかく声を出して仲間を呼び集め、採餌中のリスクを減らす」という仮説が立てられそうだが、どうだろうか。

また、こうなると、今度は「誰が集まっているか」を知るのも重要だ。もし自分より強い奴ばっかりなら、行っても無駄だ。一方、自分より弱い奴が多そうなら参加してもいい。

ただし、この想定には重要な条件がある。カラスが他個体を識別して「あいつは自分より強い」「あいつは気にしなくていい」と判断できることだ。少なくともハシブトガラスはこれができることが、実験的に示されている。伊澤栄一らの研究によると、集団で飼育されているハシブトガラスは明確な順位を持っている上、個体の顔と声を識別している。「カア」と一声だけ鳴く声は個体ごとに特徴があり、しかもある個体は常に決まった声で鳴く**(註3)**。つまり、「カア」と言えば、回りの個体には「ああ、あいつ」とわかるし、順位も思い出すのだ。

また、ハシブトガラスは離合集散型の集団を持っており、メンバーは常にシャッフルされている。だが、カラスはかなりの数の個体を記憶できそうなので、行く先々の集団に顔見知りが何羽もいるだろう。さらに、顔見知りの個体と他の個体の関係を観察することで「自分より強い奴に勝ってるから、誰だか知らないけどメチャクチャ強い」とか「俺より弱い奴にまで負けてるから、あいつは気にしなくていい」などの関係性も見抜く可能性がある（ハシブトガラスにできるかどうかはわからないが、実際にこういう行動を見せる動物はある）。

他個体の顔と声をセットにして覚えていることも、近藤らの面白い実験が示している。まず、2羽のカラスをケージの金網ごしに対面させた後、間に仕切り板を入れる。ただし、仕切りにはちょっと隙間がある。この後でカラスの声を聞かせる。さっき見せていた個体の声が聞こえた場合、カラスは特に

反応を示さない。だが、隣にいた個体とは違う個体の声を聞かせた場合、「え？　なんで？　なんで？」と隙間に顔をくっつけて覗き込もうとするという。つまり、「隣にいる個体の声を予期していた＝顔と声をセットで覚えている」ということになる。これは人間の幼児を対象にした実験手順の応用なのだが、話を伺った時「カラスなら絶対やってくれると思って」やってみた、と仰っていた。

以上は断片的な結果を組み合わせた仮説というか推測であるが、こういう葛藤が実際にあるなら、ハシブトガラスの「仲間の顔と声を覚えておく」「音声で周囲の顔ぶれを把握する」という能力がどれほど重要か、想像できるだろう。

さて、カラスは時々、人間とも「社会的関係」を結ぶことがある。先日ネットニュースで流れていた例は、イタリアで女の子が毎日のようにカラスに餌を与えていたところ、貝殻やアクセサリーなど「光り物」を餌場に置いて行くようになった、というもの。日本でも「眼鏡を取られたが数日後に返してくれた（ただしレンズ傷だらけ）」「玄関に餌を置いて行った」などのエピソードを聞いたことがある。

こういった行動は安易に「恩返し」と見なすべきではないだろう。なぜなら、「恩返し」という互恵的利他行動がその動物で成立するかどうかわからないからである。成立したとしても、人間相手にそのような行動をするかどうか、慎重に考える必要がある。「単なる偶然」という可能性も否定することは

ありがとう。
ハイ
いつも
お世話に
なってるから

できない。

とはいえ、（本当は良くないが）公園で餌を与えたりして、仲良くなったカラスが何かを意味ありげにくれた、という場合、全てを「ただの偶然でしょ」で済ませるのもちょっと手抜きだ。これはやはり、元々カラス同士で餌やモノを他個体に与える行動があり、その行動が転用されている、という可能性くらいは考えてみるべきだろう。例えば求愛給餌だ。

カラスに限らず、鳥類は雌に対して求愛する際、餌を与える種がある。これは産卵を控えた雌に栄養をつけてもらうという意味や、「僕はこんなに餌を持って来る能力があるんだよ」とアピールする意味がある、と言われている。こういった行動は、適切な相手がいない場合、間違った相手に向けられることもある。インコでは鏡に写った自分の姿に向かって求愛給餌をする例が見られる（2次元に恋するとは、なかなか通である）。

コンラート・ローレンツは飼っていたニシコクマルガラスに給餌されそうになったという。驚くべきことに、ニシコクマルガラスは鳥とは全く形の違う人間の口の機能を理解し、ローレンツの口元にグチャグチャにしたミールワームを持って行って「はい、あーん」

とやったそうである。さすがに食べる気にならなかったローレンツが横を向いたところ、「あ、こっちが口だったのか」と耳の中に突っ込まれたとのこと。どうやらカラスの目には、耳も口に見えたようだ。でも、その前に断られていても可能性を考えてもいいと思うよ、カラス。

それはともかく、例えば求愛給餌を考えれば、カラスと人間の間に「これあげる」という関係は成立し得るのだ。さらに、カラスは若いうちからペアを作ることを思い出そう。繁殖しているかどうかに関わらず、給餌を行う事はあり得る。問題は「俺の嫁がこんなに大きいわけがない」という点だ。青春ラブコメだとしてもやはり間違っている。

このような勘違いは、飼育下ならばあり得ないことではない。特に小さい時から人間に飼われていて「同種の他個体」というものに接したことがなければ、間違いが起こりやすいだろう。ゾウガメと同じケージで雛の頃から飼われていたシロクジャクが、自分の事をゾウガメだと思い込み、同種の雌には見向きもしないでゾウガメに向かって羽を広げ続けた、という哀しい話もある。飼っている鳥に求愛されたという方も少なくないだろう。私も、飼っていたジュウシマツの雌に求愛されたことがある。もっとも私以上にしょっちゅう求愛されていたのは母親だったが（註4）。では、野生状態で、鳥が人間相手に求愛するということはあるのだろうか？

これについてはまだ答えを持っていないが、野生のカラスにまつわるエピソードの場合、いくらなんでも「本気で人間を繁殖相手だと思い込んだ」とは考えにくいところがある。そんな事ができるくらいなら、ハシブトガラスとハシボソガラスのペアなんて簡単に成立してしまうだろう。先に書いたシロクジャクのような本気の勘違いではない、何か「一時的なペアっぽい関係性」みたいなものが出来上がっているような印象を受ける。「餌をもらう」といった行動を介して、親子や繁殖ペアを擬似的に再現したような結果をもたらしているのかもしれない。

これは大脳の報酬系から理解できるかもしれない。ジョン・マーズラフらの研究によると、カラスが仲間、あるいはペアのパートナーと一緒にいる際に、脳内でドーパミンなどの快楽物質が分泌されるという。つまり、「仲間やパートナーと一緒にいるのが気持ちいい」のだ。快楽物質と言うと何やら怪しげに聞こえるが、別に悪いものでもなんでもなく、脳内の特定の神経系に作用して「幸せな気分」を感じさせるためのメカニズムである。さて、大脳は報酬を欲しがる傾向がある。つまり、ドーパミンの放出それ自体が望みになる場合があり、そのためにドーパミンが放出されるような行動を繰り返すこともある。要するに「○○中毒」の状態なのだが、上記の例から考えれば、カラス（に限らず社会性の動物全般？）には「誰かと繋がりたい中毒」もあり得るかも？　ということだ。

ここで、人間に近づいて来やすい個体について考えてみよう。例えば劣位個体がいるとする。空腹なので、怖いのを我慢して人間に近づいて餌を得ている。弱っちくて羽もボロボロで哀れっぽい。恐らく、他のカラスには苛められる一方で十分な社会的な繋がりを得ていない。もちろん恋人もいない。

一方、人間はこういう哀れな生き物に弱い。ついつい肩入れして餌を与えたり、話しかけたりすることもあるだろう。そうすると、カラスは餌だけでなく、それまで得られなかった社会的な結びつきも得られる。その結果、脳内にドーパミンがどばどば放出される。この辺りが、公園で出会った可哀想なカラスと人間が仲良くなりやすい理由の一つかもしれないと想像している**（註5）**。

そして、実際に恩返しである場合、すなわち互恵的利他行動が成立している可能性も全否定はできない。バーンド・ハインリッチは、餌を見つけたワタリガラスが仲間を呼ぶ行動を考察した際、互恵的利他行動を検討した上で、ワタリガラスの場合は成立しないだろうと結論している。メンバーの入れ替わりが激しすぎるので、「次にお返しをしてくれる」可能性があまりに低いと考えられるからだ。だが、しょっちゅう顔を合わせる相手とならば、互恵的利他行動が成立するかもしれない。そして、毎日のように餌をくれる相手というのは、紛れもなく「しょっちゅう顔を合わせる相手」なのである。

まあ、ここで述べたのはいずれも単なる妄想で仮説と呼べる段階ではないが、生物学者はこういう

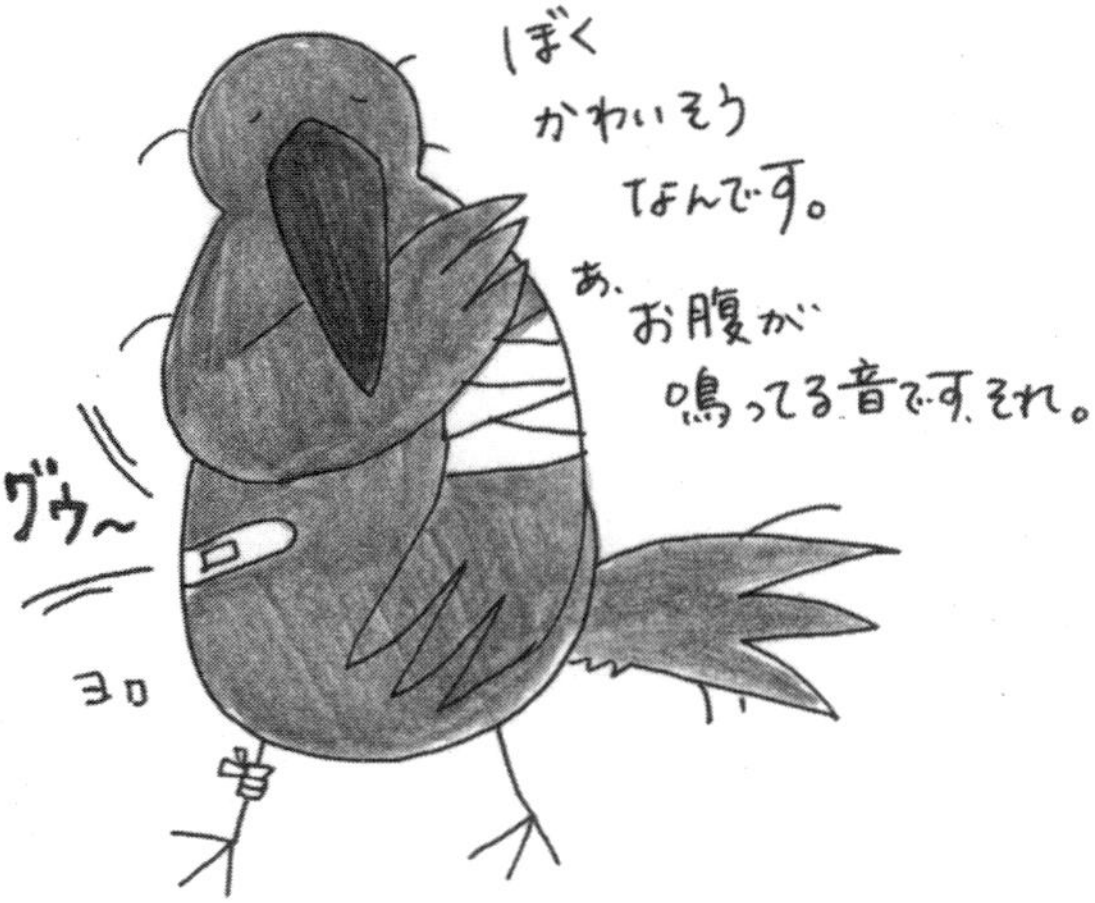

益体《やくたい》もないあれこれを常に考えているものなのだ。

さて、もう一つ。カラスは社会を作って「そこで何かを学ぶ」ということは、あるのだろうか。

警戒音声によって「あいつは敵だ」という情報を共有する、という例は知られている。だが、これは、「警戒声と同時に見た、見慣れない相手を敵と認定する」といった方が良さそうである。これも学習には違いないが、もうちょっと複雑な例はないだろうか。

ワタリガラスを用いた実験では、チューター（お手本になる個体）を見て、結び目のほどき方を学習した例が知られている。重要なのは、単なる模倣（相手と同じ動作をコピーして繰り返す）に留まらず、微妙に違う方法を自分で追加している点だ。社会学習（周囲の個体の行動を見て何かを学習すること）においては、単なるモノマネでなく、自分流のやり方を追加できるかどうかに着目する。これがある場合、「何のために努力しているか」まで理解していると判断できるからだ。単なるコピーの場合、「ここをくわえて、ここを押さえて、ここを引っ張って」という行動と、「蓋が開いて餌が得られる」という結果の関係性を理解していない可能性がある。

では、カラスは日常生活の中で他者の行動を学習するだろうか？　一般に、ハシブトガラスは地上で餌を探索するのが下手だし、やってもすぐ飽きてしまう。一方、ハシボソガラスは非常に執拗で、しかも上手である。この2種が対面した場合、どうなるかを観察したことがある。

場所は多摩川中流の河川敷。こういう場所では、水際の石をひっくり返すと水生昆虫を捕まえることができる。だが、ハシブトガラスは「石をひっくり返す」という行動をまずやらない。ハシボソガラスの集団が川原で石をひっくり返して採餌していると、しばしばハシブトガラスがいかにも不思議そうに近づいて来て、じーっとハシボソガラスの嘴の先を観察していることがある。ハシボソガラスに「ガア」と怒られるとピョンと飛び退くが、また戻って来てしげしげと眺める。

さて、ハシボソガラスを観察した後のハシブトガラスの行動は、何か変わっただろうか？　まず、地上滞在時間は、「観察していない」個体とほぼ変わらない。地上を歩き回る歩数も、別に変化していない。しかし、地面をつついた回数は明らかに増えたのである。どうやら、「何か地面にいいものがあるらしい」のは理解できているようだ。ところが、実際に餌を取れているかというと、これがてんでダメなのだ。拾い上げているのは小石や落ち葉で、くわえて考え込んでは「おいしくない」とポイと捨てる。要するに、無駄に地面をつつく回数が増えているだけの話で、採餌行動としては全く成立していない。

ある個体は「ハシボソガラスが嘴を水面に近づけたり、水中まで差し入れたりしている」という重要な点に気づいたのか、水際にじっと立っていた。そのうち「水面に着目すべし」と理解したらしく、水面を覗き込んだ末に「これか！」と嘴を突き出した。そのハシブトガラスが狙ったのは、流れて来た小さな泡であった。一瞬、水面に嘴をつけたまま動きを止めたハシブトガラスは、ぷるぷると嘴を振って水滴を払うと、飛んで行ってしまった。もちろん、得るものは何もなかった。

どうやら、「何を探せば良いか」から覚えないと、このような学習はうまくいかないようだ。何が餌かわからないから何も食べられず、何も食べられないから努力もしない、という負のスパイラルである。そう考えると、親の真似（らしき行動）をしつつ、親が何か餌を見つけるたびに「それちょうだい」とねだりに行くハシボソガラスの雛は、極めて効率のよい学習をしているようにも思える。

なお、ワタリガラスでは年齢とともにネオフィリア（新しいもの好き）がネオフォビア（見た事ないものを嫌がる）に切り替わる事が知られている。若いうちは目新しいものを見ると「わーい何これ」と寄って来るのに、年を取ると「何、あの怪しいの」と距離を置くようになるのだ。音声学習の感受期みたいなものだが、カラスは若い間にあれこれ手を出しておいて知識を広げ、その後は用心深い生き方に徹するようである。

あれは
危険じゃ
わあ！
おじいちゃん
くわいいねえ！

註1【俺には関係ない】 物語を作る能力と、赤の他人だろうが無生物だろうが見境なく共感する能力は、人間の社会に大きく関わっているような気がする。「それがどうした、俺には関係ない」が口癖のパイロット、深井零（『戦闘妖精・雪風』神林長平／ハヤカワ文庫JA）ですら、乗機である「雪風」に対してだけは片想いか妄想に近い執着を抱いていた。今風に言えば「雪風は俺の嫁」である。

註2【実力があるからこその縄張り保持者】 さらに、先住効果と呼ばれるものも考えなくてはならない。動物一般に、縄張り持ちに劣らないように見える侵入者でも、先に住み着いていた個体に追い払われてしまう場合がしばしばある。これが先住効果だ。この理由はまだ明らかではないが、自分の縄張りの価値をよく知っているので相応に頑張れるとか、定住している個体の方が栄養状態が良いのではないかとか、色々と仮説はある。

少年漫画では主人公が敵の本拠地に乗り込むことが多いが、しばしば先住者により「見えない敵に遭遇する」「階段を登っていると思ったら降りていた」などの攻撃を受けつつも勝利する。これは「先住効果をも覆して勝てる」ことを異性にアピールする、ハンディキャップ仮説に基づく正直な信号（註6）だと思われる。もちろん冗談である。

註3【「カア」と一声だけ鳴く声】 誰かが「カア」と鳴くと、せいぜい1秒かそこらの間隔で皆が一声ずつ鳴くので、まるで点呼を取っているようだ。恐らく、これで集まった顔ぶれや個体数を把握しているのだろう。このようなコールは

ニホンザルにも見られる。採餌中に時折顔を上げて「クー」と鳴くと、周囲にいる個体が「クー」と鳴き返すのだ。この返事の広がりを聞いて、仲間の居場所をチェックしている。

カラスの場合、「点呼の時に鳴いた方がいいか、黙っている方がいいか」という問題もあるかもしれないのだが、割と素直に返事をしているようにも見える。あれこれ策を弄したところで最終的には「ゴミ袋の回りに集まれる数だけ」しか賄えないので、素直に鳴いて情報を共有して様子を見る方がいい、という事もありそうな気がする。「進化的に安定な戦略は、意外に正直」というのも、しばしばある話だからだ。

註4【しょっちゅう求愛されていた】 理由は二つ考えられる。一つは、私は昼間、大学にいたので、ジュウシマツは母親と過ごす時間の方がずっと長かったこと。もう一つは母親がしばしば、ジュウシマツの前で歌っていたことである。同種雄がいない環境であったため、とにかくさえずりっぽいものを歌う相手が恋愛対象となったらしい。ちなみにピーちゃんが好きだったのは鮫島由美子のドイツ歌曲と渡辺貞男のサックス。どちらも巣から出て来て聞き惚れていた。テレビで某女性アイドルグループが歌い出したらプイと巣に戻ってしまった事もあったので、なかなか音楽にはうるさかったようである。

註5【仲良くなりやすい理由】 ものすごく意地悪いというか堅苦しい説明をしてしまったが、散文的に書くならば「惹かれ合う孤独な魂」としてもよい。その辺はTPO次第だ。「幸せの単位は何だ？」と真顔で聞き返す帝都大学の湯川准教授（というか福山雅治。原作のモデルは佐

野史郎だったはずだが、実に興味深い）などは、研究者としても、おかしい方である。

註6【ハンディキャップ仮説に基づく正直な信号】 動物の中には、「それ邪魔じゃないんですか」と言いたくなるような派手な飾りを持ったものがいる。このような、やりすぎ感のある進化にはランナウェイ仮説なども当てはまるのだが、アモッツ・ザハヴィが提唱したのがハンディキャップ仮説だ。この仮説によると、馬鹿げて長い飾り羽や、やたらに目立つ色彩は、生存に不利であるがゆえに正直な信号として機能しているという。つまり、「こんな不利な条件を持っていても、ちゃんと生きている」という事自体が、その個体の生存能力を保証しているというわけだ。能力がないのに派手な飾りを発達させるようなハッタリ野郎は、雌にアピールする暇もなく捕食されてしまう。無理してブランド品を買ってキメても、ナンパする前にカード破産ということだ。

七時間目
社会IIの時間

社会Iではカラス同士の「社会」を眺めてみた。今度は、人間の社会とカラスとの関わりを見てみよう。一つは農業被害に関する話題、もう一つは文化的な側面だ。

被害防除に関する、多少は真面目な話

前著では農作物への被害防除に関してほとんど何も書かなかった。市街地における「ゴミ被害」や「いるだけで怖い」と違って明確に金銭被害を伴い、問題として非常にシリアスだからだ。金銭だけでなく、やっと収穫しようという作物をさんざんに荒らされる落胆も計り知れないだろう。「怖い」「気持ち悪い」といった感覚的なものと違って「気の持ちようですよ」というわけにはいかない。

また、私の研究は野外でのカラスの行動を主体としており、「どうやったら防げるか」は全く研究していない。観察したいのにカラスが警戒して来なかった、という経験は何度もあるのだが、ここから言えるのは「畑に人間がいれば来ませんよ」だけであって、そんな事は言われなくてもわかっている。人がいない間に荒らされるから困るのだ。

カラスは日本最大の農業害鳥でもある。鳥による農業被害として申告される被害額のうち、約半分がカラスによるものだ（次はヒヨドリ）。被害面積もトップである。ただし、被害額がトップになるのは高価な果実類への食害のせいであり、被害面積がトップにな

るのは主にデントコーンなどの家畜飼料への食害があるせいだ。一度だけ、北海道でカラスによる被害額が減ったという数字を見た事があるのだが、これは被害が減ったというより、メロンなど高価な作物の作付けが減ったせいらしい。

カラスによる被害は家畜にも及ぶ。カラスは家畜飼料を食べる、というか下手をすると主食にしてしまったりするので、豚舎や牛舎でカラスに食べられる飼料も馬鹿にならない。また、この際に糞が飼料混入することもある。健康に影響があるとは限らないが、農家は家畜の健康状態や衛生状態に大変気を使うので、これも悩みの種だろう。また、房の中で逃げられない牛などはカラスにつつかれることがある。まずいのは乳牛の乳房の静脈を狙う場合がある

ことで、傷を負うと乳を出さなくなるし、最悪の場合は出血のために死亡することもある。カラスが血を飲むという例は知られていないので出血を狙っているとは思わないが、乳房に浮き出している血管が気になるのでつついてみたとか、そういう事かもしれない。また、動いたり反撃したりしなければ、その気になってさらにつつくということも、あり得るかもしれない。

畜舎に関してはとにかく隙間を塞いで回る以外に手がないようだ。作業のたびに扉を開閉するだけでも大変な手間だと思うが、開放しておくとカラスが入って来る。牛舎の場合、牛が金網を壊してしまったりする例もあり、非常に大変なようなのだが、うまく塞ぐことができれば、カラスの侵入をほぼゼロにできるという。この辺りは岩手大学と農家が共同で対策を採り、侵入を防いだ例がある。また、廃棄された農作物など、カラスを誘因するものを付近に残さないのも重要だという。

農作物に関して、従来から防鳥テープ（畑の上に張ってあるキラキラした、あれ）はよく使われて来た。だが、どうしても慣れてしまうので効果が薄れるという欠点がある。

バネのような金属コイルを利用してより強く光を反射させているものもあるが、これも慣れを遅らせることはできても、根本的な解決にはならないだろう。ただ、カラスはスズメなどに比べて警戒心が強いのか、慣れるまでに日数がかかる傾向はある（一度慣れると完全に気にしなくなるが）。よって、短期間だけ守り通せばいいのであれば、期間限定で防鳥テープを張るという手はある。

高付加価値な作物を守るためにもう少し手間をかけられるなら、中央農業総合研究センター（中央農研）が最近開発している方法がある。これは塩ビパイプを柵状に打ち込んで、畑上空にテグスを張ったものである。同センターの研究によると、テグスの間隔が1メートル以下になるとカラスの侵入が急激に減る（どんな手を使ってでも入って来る個体がいるので、ゼロにはならない）。1メートルというと、カラスが翼を広げた幅とほぼ等しい。どうやら翼に接触しそうな隙間に侵入するのはためらうようだ。この時のテグスは色付きでも構わない。「障害物がある」と示すのならばむしろ見えている方がいい（よく見たら見える、くらいの微妙な見え加減の方が嫌がるという意見もある）。もちろん、畑の手前に着地して歩いて入って来ると困るので、パイプを支柱として周囲にネットを張る必要もある。塩ビパイプにも理由があり、垂直でしかも滑りやすく、おまけに柔軟にしなる素材なので、カラスがしがみつけないらしい。支柱に止まられてしまうと、そこで翼を畳んでからヒョイと飛び込んで来る可能性がある。また、塩ビパイプならば資材の余りを利用できるかもしれないし、購入してもそれほど高価な素材ではないという利点もある。なお、この防除方法については、中央農研のウェブサイトで紹介されているので、どなたでも見ることができる。

また、これは噂だけで何とも言えないのだが、これ見よがしにテグスで輪っかを作ってゴミ置き場にズラリとぶら下げたところ、一発でカラスが来なくなったという話も小耳に挟んだことがある。確かに

▲羽に触るのが嫌。神経質だったりする

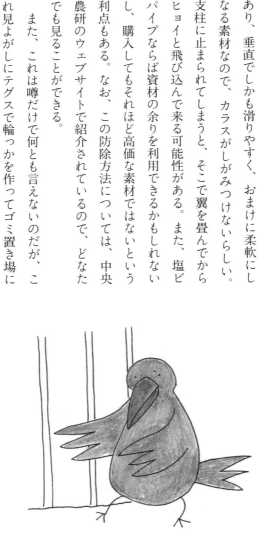

カラスは捕獲しようとしても罠を警戒してなかなか捕れない。ということは、逆に見るからに怪しげな罠を仕掛けておけば近づかないということでもある。追い払おうとしても怖がらないのに、捕ろうとすると警戒して近づかない、とは実に面倒な鳥だが、これも何か、応用する方法はあるかもしれない。ただ、罠でも網でも置きっぱなしにして慣らせばいずれ捕獲できるので、永続的な効果はないだろう。

以前、農家の方にイチゴ畑を巡る攻防戦について伺った事がある。その時に「畑を荒らす1羽のカラスが防鳥ネットにひっかかって死んでしまったのだが、翌年からカラスの大群が来た。あれは復讐されたのだろうか」という質問があった。カラスには「あいつを困らせてやれ」という意識はないだろうし、そもそも「イチゴを食べたら農家が困る」という認識もないだろうから、復讐ということはないだろう、とお答えした。だが、ではなぜ？　という答えも思いつかなかったのだが、数日後に思い当たった事がある。これは縄張りがなくなったせいでは？

繁殖しているカラスは縄張りを持っている。よって、縄張り内にある畑を荒らすのは、縄張りの持ち主であるペアと、その雛だけだ。この縄張りの持ち主が死んでしまったら？当然、縄張りがなくなる（この場合死んだのは1羽だが、雄がいなくなった場合、残った雌だけでは縄張りを維持できないという研究がある。よって、1羽が死んだだけでも縄張りが消滅する事はあり得る）。こういう隙間には新たなペアが入って来る可能性が高いけれど、もし空き地のままだった場合、非繁殖個体が使える空間となる。その結果、集団がどんどん入って来てしまってお祭り騒ぎになった、という可能性はあるだろう。その言ってみればペア限定で畑を荒らすのはヤクザの「みかじめ料」みたいなものだったのではないか**（註1）**。もちろん、「だからペアに食わせておいた方がいい」とはならないのだが、とにかく駆除してしまえばいい、とも限らない例である。

さて、メロンのように単価の高い作物ならば、手間ひまかけて防鳥手段を張り巡らせるのもコスト的に引き合うだろう。だが、単価が安く、作付け面積が大きい場合、全体にネットを張るなどというのは非現実的だ。ではどうすればいいか。

今の所、これで絶対という方法はない。駆除にしても、獲っても獲っても減らないので、

「駆除によって数を減らして被害を防ぐ」というわけにはいかない（註2）。生ゴミや廃棄作物などをきちんと処理することで地域の餌を減らし、カラスの環境収容力（その地域が支えることのできるカラスの数）を減らすと同時に「あの畑の辺りは餌場〜♪」と思わせない、という対策も重要だが、やはり、これにも限界はある。だが、追い払って近づかせないことはできるかもしれない。現在研究されている方法の一つは「攻撃的追い払い」である。

以前から指摘されている事だが、カラスは目の前で仲間が殺されると非常に警戒する。また、その時に危険をもたらした（ように思える）敵の事もよく覚える（註3）。そこで、例えば集団が来ている時に、その目の前で1羽でも2羽でも撃ち落としてしま

▲ 敵は身内か……

う。そして、その後もカラスが来るたびに銃声を聞かせたり、銃を持ったハンターの姿を見せつけたりする。これが攻撃的追い払いだ。二度目以降は単なる脅しで構わないのだが、一度は見せしめ的に実際に危険を与え、その後は「あの危険は去っていない」と思い込ませることで効果的に追い払うという方法である。

これの良い所は、普段は実際に発砲する必要がないのでハンターの負担が少なく、発砲による危険も考えなくていいという点にある。威嚇のために見せるだけなら実銃の必要もない。ということは、狩猟免許がなくても、銃に見えるものを持って見せびらかすだけでいい（町なかではこれも問題があるだろうが）。同時に銃声（ないし何か爆音）を聞かせるだけでも脅しの効果はあると思われる。これが爆音器の場合、何もないのに音だけが定期的に鳴るので、どうしても慣れを生みやすいと考えられる。鳥にとって一番怖いのは、「自分の行動に反応して、自分を狙っているように感じられる相手」なのだ。箱罠を用いた捕獲の場合、周囲の個体に恐怖感を与える事はない。捕獲した数が減るだけだ。そして、餌資源が畑にある限り、減った分のカラスはすぐに他所からやって来て埋め合わされる。実際の捕殺数よりもずっと多くのカラスの行動をコントロールできるのが、攻撃的追い払いの真価であろう。

個人的にはカラスの射獲は胸が痛むのだが、防除の方法もないまま恨みを買い続け、農家の被害が続き、そのせいで、また無駄な駆除が続くよりはマシであると思っている。

このような攻撃的追い払いは鳥類の保護、例えばコアジサシのコロニーでカラスの捕食を減らすといった目的にも応用できないかと思うのだが、いかがだろうか。ただし実際に発砲するとコアジサシの方が逃げてしまいそうなので、そこが問題である。


追い払いの方法としては飼いならした猛禽を飛ばすという手段も報道されている事があるが、これについては永続的な効果があるかどうか、ちょっと判断が難しい。今の所、効果がどれだけ持続するかを検証した例はないように思う。考えてみれば、野性状態でも猛禽が飛来することはあるわけで、そのたびに「立ち入り危険区域」を増やしていたらカラスの居場所がなくなってしまう。カラスだけでなく他の鳥も逃げるはずだが、「猛禽を見かけた小鳥は以後、その場に近づかない」のなら猛禽の餌場だってなくなってしまう。

東京都心部でも冬になるとオオタカが飛来することは珍しくないし、現在、明治神宮では営巣もしている。しかも明治神宮のオオタカはカラスを食べる事もあるが、だからといって、周辺からカラスが逃げ出したわけではない。これを考えると、一時的に狭い範囲からカラスを追い払うことはできても、効果が長続きするとはちょっと考えにくいのだが、さて。

註1【みかじめ料】『新宿鮫』（大沢在昌／光文社文庫）シリーズで読んだだけだが、歓楽街の飲食店などに代金を要求し、代わりに酔客のトラブルや他の組の嫌がらせから防衛するのだそうである。どの組のものでもない場合、無法地帯となってどこの誰が因縁をつけにくるかわからない、ということであるらしい。

註2【駆除によって数を減らし】 駆除だけによって個体数をコントロールし、被害を防いだという例は極めて少ないか、ひょっとしたら存在しない。鳥類の減少は大抵の場合、ハビタットロス（生息環境の消失）や営巣の失敗を伴っているからだ（註4）。また、食べやすく栄養豊富な「良い餌」である農作物を食べに来ないほど減少したなら、地域個体群の絶滅と紙一重である。駆除のみによって被害を制御し、しかも絶滅させないためには、綿密なモニタリングと継続的で計画的な駆除が必要になる。

註3【危険をもたらした敵のこともよく覚える】 動物が非常に恐ろしい目にあった場合、写真のように情況を記憶してしまう場合があるようだ。例えばコンラート・ローレンツの弟が飼っていたオウムは煙突掃除人が大嫌いだったのだが、ほんの一、二度の経験でその姿を覚えた上にメイドの言葉まで聞き覚え、「エントツソージガキマシタヨー」と叫びながら逃げたという。また、ローレンツの友人が飼っていたズキンガラスが一時期行方不明になり、後に保護されたことがあった。何があったかはカラス自身が語ってくれたという。このカラスは、「キツネ罠で捕ったんや」という言葉を覚えて来たのである。このように恐怖体験や異常な興奮状態と記憶をリン

クする能力は、危険な情況（例えば天敵の襲撃）を速やかに学習する上で重要だと考えられる。

註4【鳥類の減少】 鳥類の絶滅で有名なものにリョコウバトとドードーがある。どちらも「狩り尽くされた」と言われる鳥だが、リョコウバトの絶滅には森林の消失が一役買っていたとする説も有力。ドードーも親鳥の減少の理由は捕殺だろうが、船と共に島に到来したネズミやイタチ、ネコなどが野生化して卵と雛を捕食したのも、絶滅の大きな要因と考えられている。

親鳥の捕殺によって絶滅寸前に至った例は（残念なことに日本人によるものだが）鳥島のアホウドリがあるだろう。ただし、限られた繁殖地で待ち構えて捕殺したという特殊事情もある。

カラスはいかにして悪魔の化身に堕とされしか

文化人類学や宗教学は私の専門でも何でもないことは、最初にお断りしておく。よって以下に書くことはド素人が書きなぐった妄想であるが、鳥類学者が無謀にも文化を語ってみよう(註1)。

世界の神話において、オオカミとカラスがセット、という図式は多く見られる。例えば北米先住民の神話にはオオカミもカラスも登場する。オオカミはもちろん狩猟の神だ。カラスは創造神に近い破格の扱いで、「世界を作った」などの他、「世界に火や光をもたらした」などとされている。ワシも出て来る時があるが、この場合、ワシに頼んで天界の火を持ち帰らせ、これを人間に配った、あるいは使い方を説明したのがカラスとされているようだ。さすがに天界までひとっ飛びするのは、力強いワシの方が適役と見なされたのだろう。

日本でもアイヌの神話ではオオカミもワタリガラスもカムイ(かみさま)である。オオカミはやはり狩猟の神、ワタリガラスは獲物の場所を教える神だ。面白いことにハシブトガラスは庶民派だったのか地位が低く、「クソ食いガラス」という名前がついているとか。一般に、カッコいい鳥に似ているが地味な奴とか有り難みのない奴は不当にひどい名がつけられることが多く、ノスリやチョウゲンボウのようなポピュラーで茶色い猛禽は「マグソタカ（馬糞鷹）」と呼ばれることもある。

北欧の最高神オーディンは両肩にフギン、ムニンという2羽のワタリガラスを乗せている（「知恵」と「情報」という名だ）。それだけでなく、オーディンの足下には2頭のオオカミも侍っている。ゲーリとフレキという名で、どちらも「貪欲なもの」という意味とされている（オーディンは食事も2頭のオオカミに食わせてしまい、自分は酒を飲むばかりだ

という)。ここでもやはり、オオカミとワタリガラスはセットなのだ。

現実のワタリガラスとオオカミの関係性についてはよく知られている。ワタリガラスはオオカミの群れが倒した獲物(シカなど)を狙い、食べ残しを漁ったり、横からちょっとつまみ食いしたりしている。ジョン・マーズラフによると、ワタリガラスの10パーセントくらいは、つまみ食いに行って返り討ちにあうだろう、とのことなので、なかなかリスキーな生き方ではある。オオカミの潜在的な分布域とワタリガラスの分布がよく一致していることも、ワタリガラスとオオカミの関係の傍証と言えるだろう。北米ではオオカミのいなくなった地域からワタリガラスも消えたが、後にコヨーテの分布拡大に伴ってワタリガラスも出現するようになった、という例もある(ただし、減少については毒餌によってオオカミの巻き添えで駆除されたという可能性も高い。だが、駆除後も復活しなかったところを見ると、やはり捕食動物のいる場所でないと生活しにくいのだろう)。

オオカミは獲物を倒すと食べ尽くすまでその場に留まり、しかも他のパック(群れ)と争いにならないよう、遠吠えで自分たちの位置を知らせる。この声を聞いていれば、カラスはいち早くオオカミと獲物のもとに飛んで来ることができるはずだ。また、ワタリガラスは雪の上に残るオオカミの足跡を見て、オオカミの後をつけて来るとも言われる。そういえば、河川敷で鳥を調査していた頃、砂の上に残っている昨日の私の足跡の横に、数十メートルにわたってカラスの足跡がついていたことがある。あのカラスは私の足跡を辿って、弁当の食べ残しとか、鳥の巣とか、そういったものを探していたのかもしれない。

カラスが捕食者に期待しているのはシカを倒してくれることだけではないようだ。北海道では有害駆除や狩猟によって射獲されたシカの死骸をオオワシなどが食べ、この時に肉に食い込んだ鉛弾を食べることで健康被害を引き起こす例がある（鉛弾の使用は禁じられているが、残念ながら完全に守られているわけではない）。これに関する調査の一環として、放置されたエゾシカを誰がどう食べるかについて学会発表を聞いたことがあるのだが、少なくともハシブトガラスの嘴では凍ったエゾシカの皮を引き裂くことができず、キツネやワシが切り裂いてくれるまで待っているらしい。してみると、カラス単独では丸ごとの大型獣を解体できないことがあり、「切り分け役」がいてくれた方が

おいしそう…

良いという事になる。獲物をその場で捌いてくれるオオカミは、その点でもうってつけだろう。

一方、ワタリガラスがオオカミを助けているという言い伝えも、ないことはない。学術的に検証されたことはないのだが、ワタリガラスは獲物を見つけると大声で鳴き、オオカミを呼び寄せると言われている。仮に鳴くとしても果たしてそれがオオカミを呼んでいるのか、それとも「みんなー、こいつ死にそうだからスタンバイな」とカラスを呼んでいるのかはわからないわけで、ちょっとこれだけでは判断ができないのだが……（註2）。

いずれにせよ、カラス、特にワタリガラスとオオカミがセットで語られること自体は、不思議ではないように思える。

キリスト教において、あれほど執拗にオオカミやカラスが排斥されたのは、気の毒を通り越して不思議なほどである。結局、キリスト教は徹底して牧畜民の宗教であり、家畜を狙うオオカミは敵という事か。狩猟民にとってオオカミは狩りの神であり、農耕民にとっても少なくとも財産や農作物を狙って来る相手ではない。日本でも「遠い奥山に住む、畏れるべきもの」という扱いであり、農作物を荒らすシシ（鹿でも猪でもあり得る）を追い払ってくれることもあって、どちらかというと神である。もっとも遊牧文化であるはずのモンゴルでは「蒼き狼と白き牝鹿」の神話が存在する。チンギス・カンは蒼き狼の子孫であったという。となると、牧畜だから絶対にオオカミと相容れない、というわけでもないのだが、中央アジアにはもともと、オオカミ・カラス信仰や伝承があったようだ。アルタイ語族テュルク系の民族にはオオカミとカラスが登場する神話がある。これによると、烏孫国《うそんこく》の王、昆莫《こんばく》が赤ん坊の時、国が敵に攻め破られ、昆莫は捨て子となった。しかし、カラスが肉を、オオカミが乳を与えて昆莫を救った。これを見た者が「この赤子は神ではないか」と思って大切に養い育て、後に王となったという。烏孫国とは、国名からしてカラスを祖霊として祀っていそうである。モンゴルの英雄譚「ジャンガル」でも、主人公ジャンガルは幼い時、オオカミとカラスに助けられる。また、モンゴルの高僧が幼い時、カラスとオオカミに助けられたという伝説もある。さらに、11〜13世紀モンゴルにあったケレイティという部族は、カラスを自分たちの祖先とみなしていたという。

　また、ローマ帝国の建国神話にはオオカミが善玉として登場する。ローマを建国したとされるのはロムルスとレムスという兄弟だが、彼らは雌オオカミに育てられたという。オオカミは乳母であって直接の血縁ではないとはいえ、象徴的にオオカミの血族ということになる。「蒼き狼」や烏孫国の伝説を連想させる神話だが、もちろん、この説話もキリスト教以前に成立したものである。こうして見ると、オオカミを徹底して嫌ったのはキリスト教だけなんじゃないかという気がしてきた（註3）。

　カラスも牧畜の敵の一つと見なされる事がある。出産時に後産（胎盤など）を食べに来たついでに、「生まれたての仔羊もつついていい？」という顔をするからだ。今のように整った畜舎で出産させたとは限らないだろうから、その辺りをウロつくカラスはありがたくない存在だったろう。また、ここからの連想なのか、欧米ではカラス類がシカ等、ハンティングの獲物を減らす厄介者と見なされ、駆除の理由となる場合もある。

　しかし、それほどカラスが嫌いならば、なぜ旧約聖書に「預言者にカラスが食料を届けた」とか「箱船からカラスを飛ばした」という逸話があるのか？

大洪水の後、水が引いたかどうかを確かめるために箱船から最初に飛ばされたのは、実はカラスだ。だがカラスは帰って来なかった。次にハトを飛ばすと、ハトはオリーブの葉をくわえて戻ったので、ノア達は陸地が現れたことを知る。どういうわけか「カラスは勤めを果たそうと懸命に飛び回ったがどこにも陸地は見つからず、力尽きて水に落ちて死んだ」とは誰も考えず、「どうせカラスは逃げるかサボるかしてたんだろう」という解釈になっている。……普段カラスのやる事を見ていると否定はできない。だが、古代メソポタミアのそっくりな神話では少し違うのだ。こちらの神話では抜け目のないカラスが、水が引いた証拠を持って帰って来る。神話とは他の神話や説話を取り込み、同化しながら作られて行く

ものなので、おそらく旧約聖書はメソポタミアの説話を取り込んだのだろう。

ところで、なぜ箱船からカラスやハトを飛ばすのか。恐らく、「鳥を飛ばしてみれば陸地の方向がわかる」という航海の知恵が既にあったのだろう。陸鳥は海に着水して休むことができないので、周囲に陸地が見えればそっちへ飛ぶ。陸地が見えなかったら（あるいは遠すぎたら）、唯一の止まり場である船に戻って来るだろう。実際、バイキングはこうやって航行したと言われている。

ノルウェーからアイスランドに辿り着いた入植者は「ワタリガラスのフローキ」という二つ名を持つノース人だったといい、この航海自体がワタリガラスに導かれたものだったともいう。アイスランドの記念切手にもバイキング船をバックに空を舞うワタリガラスが描かれたものがある。そういうわけでワタリガラスは建国の英雄かと思ったのだが、現地を旅行した方によると、アイスランドでもワタリガラスが非常に嫌われている場合があるという。それとは別に異常なほど人に馴れているという著述もあるのだが、どうやらケワタガモ（アイダー）の羽毛を採る地域では、卵捕食者でもあるカラスが嫌われているのではないか、とのこと。

ともあれ、この洪水伝説のような「神話の取り込み」は他の文化を吸収したり征服したりした際にも起こるとされている。異民族を制圧した際、相手が旧来の神を信じていては具合が悪い（古代にはしばしば政治と祭司が不可分であり、ルソーの言う「戦争の目的は相手の憲法に手をつけること」に相当するのが宗教の支配であろう）。ここで使われた一つの手段は、相手の物語を取り込みつつ都合よく顛末を変えてしまう、という手だ。恐らくメソポタミアの洪水神話を取り込みつつ、カラスではなく、キリスト教の神の象徴たる白いハト**（註4）**を登場させ、しかもカラスが役目を果たさないことでハトの見せ場を作る……という完全な「当て馬」にされた、と考えたら、うがちすぎだろうか？

一方、カラスを悪者にしたかったのなら、ちょっと不思議なのは荒野に身を隠した預言者のもとにカラスが食物を運んだという下りだ（旧約聖書、ウリヤ記）。カラスだけでなくタカ（あるいはハヤブサ）も食物をもたらしている。アルタイ語族の古い伝承でもカラスが肉を運んだとされているのが興味深いが、もしこれが寓意でなく、逐語訳的に解釈できるとしたら、以下のような例が考えられる。

①　カラスが集まるのを見て動物の死骸を見つけ、まだ食える部分があったので食べた
②　カラスが隠した貯食を見つけて食べた
③　猛禽が獲物を捕らえた所に出くわし、獲物を分捕った。もしくはハヤブサに襲われた獲物が落ちて来たので、拾い上げて神に感謝した

いずれも強く主張するとバチカンに睨まれそうなので、アンデルセン神父が来ないうちにやめておく**（註5）**。

狩猟民の間ではしばしば神であるオオカミだが、キリスト教においてオオカミと言えば悪魔の類義語だ。そして、オオカミとカラスが、やっぱりセットで「悪魔や魔女の仲間」なのである。北欧からドイツにかけてのオーディン（ヴォータン）信仰においてオオカミやカラスは「神の使い」だった。そこからキリスト教における「悪魔の眷属《けんぞく》」への転落はどのようなものだったのだろう。

このような正邪の変換というのは、やはり、ある文化が別文化に制圧された場合に起こることがある。「これまでお前達が信じていたのは神ではない、悪魔だ」という事に

してしまえば、信仰の書き換えが完了するからである。竜や大蛇が封じられる神話も、かつて崇められていたローカルな神を、新たな宗教が制圧した結果だ、とする考え方もある。現代人である我々が考える「神」は神々しくとも人間の形をしているが、古代の神はしばしば、異形である。大蛇や竜は立派に「神」なのだ。古き神々の戦いというのは、怪獣大決戦みたいなものを想像すればだいたい合っている。

さて、この辺になんとなく、北欧神話やケルト神話やメソポタミア神話などの「旧世界の神とその眷属」を聖なるものから引きずり落として葬り去った気配を感じないこともないのだが、まあ、その

辺はシロウトの妄想と片付けてもらって結構である。

現在、カラスを信仰するとしたらヒマラヤ地方だ。鳥葬の風習があるため、「魂を肉体から解き放つ」としてカラスが信仰されているようだ。かつては遠くを飛ぶカラスにさえ手を合わせて拝んだとも聞く。それ以外には、オオカミやカラスが信仰される事は、まずないだろう。

だが、一部のちょっと反抗的な意味で「カッコイイ」デザインのモチーフには、オオカミやカラスが使われる場合もある。彼らは「ワイルド」なのだ。

ワイルド、という言葉はちょっと面白い。「ワイルド」の対義語はというと、「tame（手なづけられている）」とか「domesticated（家畜化された）」である。

そして、キリスト教において信徒はしばしば「仔羊」に例えられ、神は羊飼いに例えられる。英語の「ワイルド」は、なんとなく宗教的なニュアンスを含んでいるのだ。

英語には「wild card」という言い回しがあるが、これを「野生の手札」と訳しても意味がわからない。これは逐語訳するなら「人の思い通りにならない手札」で、こなれた言い方にすれば「番狂わせ、どんでんがえし」となる。俗語の「wild cat」も「アバズレ=手に負えない女」だ**(註6)**。要するにこの場合の wild とは「人に飼いならされない」「言う事をきかない」であり、さらに言えば「まつろわぬもの」がワイルドである。ステッペン・ウルフの名曲「Born to be wild」も「(神も含めて) 誰の言いなりにもならないぜ」という反骨宣言だ。要するに、wild とは「従わない奴ら」なのだ。

そうすると、オオカミやカラスの絵画的モチーフも見えて来る。神に祝福されぬもの、影の世界のもの、神に逆らうもの、だ。荒野、反逆、月夜の深い森、朽ちた古城、闇、死といった、神に背を向けたモチーフが、絵面としてはことごとくオオカミやカラスとマッチする**(註7)**。パンクやハードロックや革ジャンやハーレー・ダビッドソンと、あるいはケープをまとった黒ゴスの少女や夜や霧と、何となく親和性があるのは、そういう理由だろう。カラスやオオカミのような旧世界の神たちは、新たなる支配神にまつろわぬwildなるものとして荒野に追放され、邪教の信徒とも言うべきアウトローやゴシック趣味の中に、わずかにイコンとして祀られているわけだ。

時々、風変わりな鳥類学者の中にもね。

註1【鳥類学者が無謀にも文化を語ってみよう】『鳥類学者、無謀にも恐竜を語る』（川上和人／技術評論社）。形態学と生態学を駆使した内容はもちろん、日本の鳥類学界きってのエンターテイナーが繰り出す名調子は是非、ご一読頂きたい。最終ページには著者と思しき人物が巨大な鳥に打ち跨って姫を救いに駆けつけるイラストが描かれているが、川上さんはもうちょっとこう、メリハリの効いたルックスだと思う（主にシャツの赤さ的な意味で）。

註2【仲間のカラスを呼び寄せて】 ワタリガラスがなぜ、餌を前にして仲間を呼ぶかについては、『ワタリガラスの謎』（バーンド・ハインリッチ／どうぶつ社）に詳しい。簡単に言えば、「縄張り持ちの大人に意地悪されないよう、仲間を集めて数で勝負」ということだ。ただし、続編とも言える「Mind of the Raven」によると、「当時考えたより、もっと複雑な社会的関係があるのかもねー」とのこと。このようにカラス同士が音声を利用し合っているのは確かなのだが、カラスの音声をオオカミが利用しているという証拠は、まだない。

註3【オオカミを徹底して嫌った】 キリスト教とオオカミを両立させたのはナチス・ドイツだ。たとえば総統大本営はヴォルフスシャンツェ（狼の砦）である。ただし、ナチス・ドイツでオオカミとセットになっていたのはワシで、カラスの出番はなかったようだ。ジャック・ヒギンズの名作『鷲は舞い降りた』（ハヤカワ文庫NV）はこの一言でドイツ軍降下猟兵を想起させる完璧なタイトルだが、「鴉は舞い降りた」では確かに迫力がない。

註4【神の象徴】 キリスト教において白いハトは霊性や神性の象徴として扱われる。空港のATMやバーベキュー場に態度のでかいハトがいたら、神かもしれないので要注意である（註8）。

註5【アンデルセン神父が来ないうちに】
『HELLSING』（平野耕太／少年画報社）に登場する、バチカン第13課のおっそろしい神父さん。バチカンに逆らう悪魔と異教徒は抹殺される。しかし、「死骸を拾って食べる」というのは冗談でも蔑視でもなく、至極まっとうな食糧調達手段だ。初期の人類が獲物を捕る狩猟者であったか、果実や芋などを採る採集者であったかはジェンダー論も巻き込んで議論されたことであるが（註9）、第三の可能性として「死肉食者」という説もある。既に解体された食べ残しならば牙や爪を持たないヒトにも食べることができるし、高度なスキルや道具や身体能力も要求されないだろう、という点で説得力のある仮説だ。死骸を拾おうがカラスの上前をはねようが他の動物の餌を分捕ろうが、動物として恥じることはない。初期の人類という、立ち上がって歩くだけの弱っちいサルが草原で生きて行くにはいかなる戦略であれ……おや、こんな時間に誰か来たようだ。

註6【wild cat】 この単語が重要だったのは映画『スピード』（1994年／アメリカ）。また、銃器用語にはワイルド・キャット・カートリッジという言葉がある。銃器愛好家が自分で考えて装填した、お手製の新型弾薬のことだ。これを「山猫実包《じっぽう》」と訳してあればまだしも、「ヤマネコ狩り用の弾薬」と訳されると意味が分から

なくなる。

註7【神に背を向けたモチーフ】 呪われて夜に閉じ込められたオオカミ、というモチーフは「鷹の姫君」という伝承にも通じる。呪いをかけられた騎士と姫の悲恋の伝説だが、〝日が沈むと男は狼になり、日が昇ると女は鷹になる〟ので、人間同士で会う事ができない。これを映画化した作品が『レディホーク』(1985年/アメリカ)。そういえば『レディホーク』でヒロインを演じたミシェル・ファイファーは後に『ウルフ』(1994年/アメリカ)に出演している。なお、『ウルフ』はオオカミになりたいオジサンのための映画なので、モンスター系ホラー映画だと思って批評してはいけない。

註8【態度のでかいハト】 『聖☆おにいさん』(中村光/講談社)より。世紀末を無事に乗り切ったブッダとイエスが立川に部屋を借りてのんびりバカンスしている、というぶっ飛んだ内容。大英博物館にも展示されていたという(ホント)。時折、イエスの父がハトの姿で下界に現れる。

註9【ジェンダー論も巻き込んで議論】 ヒトは狩猟によって進化した、という狩猟仮説を説いたのがリーとドゥボワの「Man the hunter」と題する1968年の総説である。これに対して「Woman the gatherer」と題して、採集による芋や果実が重要な食糧であった、とする反論が1975年にスローカムによって出された。これは「男が狩りに行って一家を養う」というイメージに対する反論でもあった。「Man the hunter」は「人間はハンターだ」の意味だが、「男はハンターだ」とも読めるからである。実際、

狩猟採集民の栄養収支を見ると、キャンプ周辺で女たちが集めて来る植物や小動物がしばしば大きな割合を占めていることが知られている。

実習 野外実習の時間

さて、ここでは野外に出て、研究の現場をご紹介しよう。どれほど綿密な計画を立てようが、相手は自然なのだ。机上のプランなど、たちどころに吹き飛ばされて右往左往するのが目に見えている。ならば、気力・体力・時の運を信じて、双眼鏡を片手にフットワークで乗り切るのも手だ。ただし、家に帰るまでが実習です。くれぐれも怪我をしないように。

鴉屋の京の町を走ること

さて、私がまがりなりにも研究としてカラスに関わり出したのは、大学4回生の卒業研究の時からだ。そのネタは「カラスは女子供を馬鹿にするか?」というものだったのだが、結論としては「馬鹿にする……かも?」ということになった。ちょっとご説明しよう。

事の発端は、当時、京都大学理学部動物行動学研究室の助教授だった今福道夫先生が、テレビで見た「実験と称するもの」について話して下さったことだ。テレビでは至極適当な事をやって「女子供を馬鹿にする」と結論していたのだそうだが、こういう実験は様々な条件を統制しないとちゃんとした結果が出ない。そこで、「もう少しまともに実験すれば卒業研究のテーマとして面白いのではないか」という事になったのである。

実際に調査を始める前に研究室の人と話をしていて、こんな話を教えてもらった。ある研究によると、「ニホンザルは見上げる角度で接近距離が決まる」というのだ。サルが人に近づいて行くと、人の顔がだんだんと「見上げるような位置」に見えて来る。そして、首をある角度まで上に向けなければ見えない状態になった地点で、接近をやめる。この角度がだいたい一定なのである。その結果、例えば30度まで見上げるなら、身長150センチの人には260センチの距離まで近づけるが、身長2メートルの人には350センチまでしか近づけない。サルは非常にシンプルな方法で相手の身長に応じた接近距離を決めているわけだ。大きな相手は攻撃力が高く、射程距離も長いだろうから、なかなか合理的な判断である。

さて、身長には男女差や年齢差がある。一般に女性より男性の方が、子供より大人の方が、身長が大きい。すると、「女子供を馬鹿にする」とは単に「背が低いと近寄って来る」という意味なのでは？　ならば、いろんな身長の人にカラスに餌を与えてもらい、カラスがどこまで近づくかを記録すれば検証できる。この仮説が正しければ、性別や年齢に関係なく、身長と接近距離だけが相関するはずだ。逆に、身長では説明できない差が性別や年齢によって生じるなら、「カラスは女子供を区別している」と言ってもいい。

かくして、それから半年以上の間、私は昼時の学食の前に立ち、知り合いが通りかかると片っ端から「ねえねえ、カラスに餌やりに行かない？」と声をかけた。今思えばキャッチセールスか、それとも新宿スワンか。幸い、かなりの人数がこの怪しげなボランティアに協力してくれたので、それなりにデータが集まった。

ただ、実際に調査してみると、カラスはこちらの思い通りになんぞ動いてくれなかった。これが野外実験の怖さなのだが、空腹度合い、人間への警戒度合いが、日によって全く違うのである。そりゃそうだ。もし前日にお祭りでもあって、そのゴミを食べて満腹していれば、わざわざ人間に近づいてなど来ない。餌をくれる人が何人もいれば、「あいつも餌くれる?」と寄って来るだろうし、逆にいじめられた日は人間を警戒するだろう。1羽では怖いが、みんなで近づけば怖くない、ということもよくある。その結果、身長が同じでもカラスが接近する距離は

日によって違う。何か、その日の接近度合いの基準となるものが必要なのである。うーん……あ、俺がいるじゃん。

ということで、毎回、私がカラスに餌をやって、それから協力者が給餌することにした。身長173センチ男性（私のことだ）への接近距離を100として、協力者への相対的な接近距離で表すのである。もし予想通りなら、私より背の低い相手には90パーセントとか80パーセントの距離まで近づき、私より背の高い相手には110パーセントになるなど、遠巻きにするという結果になるはずだ。

まあ、そうやってみても、カラスが何羽も来ると一体どの距離を計ったらいいか悩むとか、集団の作る「カラス前線」から前に飛び込んで来る個体をど

うするかとか、いろいろあったのだが、一応はデータがとれた。

さて、ざっくりと結果を言うと、思った通り、カラスの接近距離は餌を与える人間の身長と正の相関があった。相手の背が高いと警戒して近づかないのだ。では性別との相関は？　というと、どうも明確に答えが出ない。

ただ、身長160センチから170センチという、男女の身長が重なる領域では、女性により接近する傾向があるようには見える（註1）。肝心の、この範囲内のサンプルが少ないので統計的に意味のある差かどうかわからないのだが。

そもそも、この実験には色々と問題がある。一番大きな問題は、私以外の協力者は毎回変わるのに、

接近距離の基準となる私は何度も足を運んでいる、ということだ。カラスがご新規さんと常連さんを見分けて、「こいつ見たことないから警戒しよう」「あ、こいつはいつも来る奴だから安心」と振る舞いを変えていたら困る。そう思って後でデータをチェックし直して愕然とした。あり得ないほどきれいに、日を追うごとに私への接近距離が縮んでいるのだ！あかん、完全に馴れてしまっている。これではコントロールになっていない。大学院の入試準備で実験しなかった期間が1ヶ月ほどあったのだが、御丁寧なことにその直後には突然、カラスとの距離が遠くなっている。しばらく行かなかったから忘れられたのだ。だが、その後、距離は急激に縮んで元に戻る。すぐに思い出したのだろう。まあこの辺はいろいろ

と補整してゴニョゴニョしたが、実験デザインとして不備が多かったのは、認めざるを得ない。

さて、大学院に進学した時、この「カラスは女子供を馬鹿にするか」という研究を進めるという手もあった。だが、それよりも、カラスの普段の姿を見てみたいという欲求の方が強くなっていた。というのも、公園で見かけるカラスの姿があまりにも面白かったからである。

餌を採るために左右から走り寄ってきて激突するカラス、相手の背中を超えてスッテンコロリンと転げ落ちるカラス、延々とじゃがりこのカップをつついて一人遊びするカラス、新聞広告が気になるのかじーっと見つめた末に「コン！」と嘴でつついて行っ

▲カラス、まっしぐら

たカラス、見つけた餌をせっせと隠すカラス、枝の上でラブラブなカラス、上位個体に凄まれて餌を放り出して逃げるカラス、2羽で公園の一角を防衛しているカラス、キジバトを追いかけて公園を2周するも取り逃がしたカラス……　私が見ているのはカラスの生活のごく一部にすぎない。それに、子育てする姿も見ていない。繁殖個体の生活を丸ごと観察してみたら、もっともっと面白い姿が見られるのではないか？

そこで、まずはカラスが繁殖している場所を探すことにした。京都市内で、自分のよく知っているところで、営巣しているんだから木がたくさん生えているところ……　あ、下鴨神社がある。ここは時々、講義のない時に散歩していたし、前年からカラスを見に来てもいたので、繁殖個体がいるのは知っていた。よし、ここに通って眺めてみよう。

とりあえず土地勘を養うつもりで歩き回ったが、同一と思われる個体の行動圏や喧嘩の範囲を見て、ざっくりと縄張りを描いてみると、参道入り口から本殿までの間にハシボソガラス4ペア、ハシブトガラス3ペアくらいはいそうだ。出町柳駅前から神社までだとさらに増える。ここから大学まで全部調べれば、普段の通学路だけでかなりのペア数を稼げるだろう（実際、後の調査に引っかかって来たペアを全部数えれば、ハシブト・

ハシボソとも15ペアほどになる)。

さて、普通、研究というのはテーマがあって、「**を明らかにしたいので、○○について調査する」というものだ。例えば「カラスは人間の身長を見分けて接近距離を変えているという仮説を検証するため、身長と接近距離の関係を調査した」ならば非常に明快である。だが、今回の「繁殖しているカラスを見てみた」はいささか様子が違う。そもそも何をテーマにすればいいかもわからないのだ。といってカラス専門の研究者なんて聞いたこともないから、弟子入りする先もない(する気もなかったが)。

ということで、来る日も来る日も、カラスを眺めることに終始した。その結果、時々回って来るゼミ発表は惨憺たる結果となった。なにせテーマがないのだからデータもなく、発表すべきこともない。終ったら先輩の酷評である。コンパの席でいきなり徳利と猪口を指に挟んだ先輩がドッカと隣に座り、「説教しに来てやったぞ!」などと宣告されるので、一時期は飲み会恐怖症になりかけた(註2)。

ただ、この時になにも漫然と「眺めていた」だけではない。自分が「縄張りを地図に描いた」と思っているのは単なる私の主観であることは、よくわかっていた。標識したわけでもないカラスを見分けるのは基本的に無理であり、さっき見かけたカラスと今見ているカラスが同じだという保証はないのだ。ここをクリアしないと、縄張りを描く事ができないし、何ペアいるかも数えることができない。また、どこの誰ともわからないデータは色々と、質が劣る。例えば餌を採る行動にしても、「ハシボソガラスは」と一般論にするより、「この個体は」と記述できる方がいいに決まっている。同じ個体を重複してサンプリングしているのか、毎回違う個体を見ているのか、それがわかるだけでも重要だ。そのためには捕獲して標識しなくてはいけない。だが、カラスの、しかも繁殖個体の捕獲は非常に難しい。繁殖個体は縄張りのことを良く知っているし、餌もちゃんと得ているから、いきなり罠に飛び込んだりはしないのだ。どうすればいいか。……そうだ、サルは顔で識別してるじゃないか！

霊長類学でも、かつてはサルの顔など見分けがつかないと考え、捕獲してマーキングしていた。ただ、あまりに目立つマークをつけるとサルの社会的関係に影響することもあり得るので(註3)、顔に目立たない刺青をしたり、小さく毛を刈ったりする程度である。これに対し、日本の研究者が開発したのが「サルでも顔を見れば識別できる」という手法だ。小さな傷やシミといった客観的な差異もあるのだが、訓練を積めば「一目見ればわかる」域に達するという。最初は「ほんとにそんなことできるのか」「日本人にしかできないんじゃないか」などと言われたそうだが、現在は世界中の研究者が採用している方法である。よし、カラスでこれができたら俺すごい。

ということで、スケッチブック代わりに無地のノートを一冊買い、下鴨神社に出かけた。テクテク歩いて行くと、杭の上に1羽のハシボソガラスが止まっているのを見つけた。この辺でよく見かける奴のような気がする。こいつの特徴をスケッチだ。

全体のプロポーションとして尾が長い、ような気がする。風切羽は尾羽の半分より長く、先端付近ま

▲研究者たるもの「見る」のではなく「観察」するのだ

で届いている。下尾筒が意外に長い。首の羽毛の艶がよく、グイと首を伸ばしている。嘴はすらりと長くて、先端で急に細くなる。上嘴と下嘴の間に隙間はない（時々、隙間が開いている個体もあるのだ）。上嘴の先端は下嘴よりわずかに長いか、ほぼ同じ。目の上が猛禽類のように隆起しているので、目つきが鋭く見える。鼻孔を覆う羽毛は嘴の真ん中あたりまで達し、覆われる範囲は横から見ると長方形に見える。見たところ目立った欠損や怪我はなし。尾羽や風切羽の欠損は飛ばないとわからない。

この個体を$α$と名付けることにして、参道の端まで歩いて戻って来たら、さっきの杭の上にまだハシボソガラスが止まっていた。むむ？　こいつ、さっきのとは違うぞ？　これは姿勢が違うだけかもしれないが、なんだか小柄に見えるし、首を縮めている。嘴の形は絶対に違う。もっと短くて丸いし、鼻羽の感じも丸い。畳んだ風切羽は尾羽の半分程度までしか届いていない。

よし、こいつは別の個体だ。これを$β$としよう。こいつは$α$の嫁さんなのではないか。イケるじゃん俺。

と思っていたら、３分後にルンルン気分は打ち砕かれた。頭上に３羽のハシボソガラスが並んで止まっていたのである。う……下から見ていると特徴がよくわからない。尾が短いような気はする。嘴は……ええと、まず名前つけないとどれがどれだか。αβの次だからγ、δ、……δの次はなんだっけ。ηじゃなくてuじゃなくて……（註4）と思っているうちに3羽が一斉に飛び立ち、頭上をぐるぐる飛んでシャッフルされてから、また同じ枝に止まった。ええと、右端の奴がこう飛んでこう来たから、γはあれか。と思ったらまた飛んで戻った。嫌がらせかコラ。もうわからない。こいつらはダメだ。次だ。

さらに歩くと、すらりとしたハシボソガラスがいた。嘴も長い。カラスは一般に雄の方が大きいはずだが、これが雄なのだろうか。そう思って見ていると、どうやらペアらしい個体も出て来た。うわ、凶悪な顔。何この嘴。明らかに上下の嘴の間に隙間があり、長くて鋭い上嘴が下嘴に被さるように突き出している。目つきもきつい。まるで悪役商会。こっちが雄か？　いや、ちょっと待て。雌っぽい方がさっきのαではないと言えるか？　場所的にαでもおかしくないぞ？　もう一回、αを見に行くか？　だがさっきと同じ場所にいたからといって、それがαだという保証はない。どうすりゃいいんだ。

かくして「カラスの顔を覚える」作戦は瞬時に挫折した。ただ、しっかり見てスケッチした甲斐あってか、後にαとβの顔くらいはわかるようになった。後になってわかったことだが、最初に思った通り、αとβはペアで、αが雄、βが雌だった。とは言え、それでも論文にできるレベルで識別できた、と言い切る自信はない。

もう一つ、是非見てみたかったのが、カラスの子育てだ。実は前年からちょっと興味を持ってカラスの巣を探してみたことがあったのだが、その時は巣を全く見つけられなかった。まるで嘘のように、カラスの巣が見えないのである。何度通っても、学内でカラスが営巣していそうな所を見上げても、見つからない。カラスの巣を探して見つからない歴、三ヶ月。俺、才能ないんじゃないか。そう思いつつ、珍しく早めに帰宅した日のことである。家の近所の神社の前を通りながらヒョイと顔を上げると、見慣れているはずのシイの木に何やら丸くて黒い塊が見えた。ん？　なんか大きいもの。ひょっとして、巣？

慌てて双眼鏡を取り出して覗くと、まぎれもなくカラスの巣だった。この辺りでいつもカアカア鳴いているハシブトガラスだろう。毎日通っているのに、こんな大きなものが何で今まで見えなかったのだ。実に不思議でならないが、「目ができる」とはそうい

うものである（註5）。翌日、下鴨神社をぐるりと一回りするだけでカラスの巣が5個見つかったのだ。

修士課程で調査を開始した時は、一応、「目ができていた」ので、カラスの巣もそれなりに見つかった。神社の中と周囲をぐるりと回って探してみると、あるわあるわ、数日で10個ばかりすぐに見つかった。ただし、どう見ても去年の巣も混じっているので、巣の数とペア数は一致しないはずだ。また、立ち入れなくて巣が探せないエリアというのもある。やはり、巣の数だけではペア数も割り出せない。

結局、客観的な個体識別は最後までできなかったのだが、巣に出入りする個体をどこまでも追跡して地図に描く、という方法で、縄張りを描くことにした。巣を起点、あるいは終点として、その巣を利用するペアの行動と位置を記録したわけである。もちろんどこかで見失うのだが、「この巣から出た」「この巣に入った」という観察があれば、「ある巣の持ち主」の行動範囲や防衛範囲がわかる。これがつまり、縄張りということだ。赤の他人が巣に出入りしているると困るのだが、カラスは一応、一夫一妻だし、ヘルパーがつくのも（少なくとも日本のカラスでは）普通ではないから、まあこれで良いだろうということにした。ついでに、巣を起点とする観察を続けるので、営巣の様子もしばしば観察できた。ただ、この調査はとにかく、土地勘とカラス勘と体力が重要であった。あまりお勧めできる方法ではない。

さて、このような調査を行っているうちに、「ハシブトガラスとハシボソガラスはなぜ同じ地域に住んでいられるのか」という研究テーマが決まった（最終的な後押しは、教授として着任された山岸哲先生の「俺ぁその辺が知りたいなあ」の一言。よくまあこんなよくわからないテーマを後押しして下さったものである）。一番最初にこの問題に触れたのは1972年の倉田篤、樋口行雄らの研究だが、山地のねぐらにハシブトガラスが多かったことから、「ハシブトガラスは標高の高い場所が好き」と結論している。

次の研究が1979年に発表された樋口広芳によるもので、これがハシブトガラス・ハシボソガラスの生息環境に関する研究のスタンダードと言っても良い。調査方法は豪快かつ合理的なもので、東海道線の列車に乗って往復し、その間に車窓から見えたカラスを片っ端から記録したというものである。この結果、ハシブトガラスは森林と大都市に、ハシボソガラスは田園などの平地に多いとわかった。「ハシブトガラスは標高の高い場所に多い」も間違いではないのだが、理由は標高ではなく、そういう場所は森林が多いからなのだ。樋口広芳はこのような「住み分け」の理由について、ハシブトガラスはそもそも森林性の鳥であり、町なかはゴミがあるので食べに来るのだろうとしている。またハシボソガラスは

世界的に平地の鳥なので、やはり日本でも平地に住んでいると結論している。確かにその通りだ。だが、両方が混じって住んでいる京都市は？　京都だけでなく、大概の地方都市には2種がいる。彼らは同じ場所でどうやって「住み分け」ているのか？　ここにまだ、研究できるテーマがあるように感じたので、2種のやっている事をじーっと眺めることにしたわけである。

実は、縄張り調査のために追跡を行っている間から、「こいつら、なんか行動が違うんじゃね？」という読みはあった。感覚的に言えば、ハシボソガラスの追跡はとても楽なのだ。枝から飛び立ってもヒョイと地面に降りて、そのままトコトコと歩いて行く場合が多い。一度歩き出すとしばらく歩いているので、こちらはベンチに座って見ていても大丈夫だ。たとえ飛んでもそんなに遠くへは行かない。その点、ハシブトガラスの追跡は恐ろしく大変だ。枝から飛び立つと、そのまま森の上を抜け、住宅地を飛び越えて川の向こうまで行ってしまう。「あ」と思った5秒後にはもう見失って追跡不能である。どれだけ走って追いかけようと、あちらは道路を無視して好きに飛べるのだから、追いつけるわけがない。

ということで、ハシブトガラスの追跡調査は遅れ気味になったが、ハシボソガラスの行動は次々に見えて来た。まず、彼らの縄張りはしばしば、川沿いにある。例えば、鴨川デルタに姿を見せたハシボソペアは葵公園のトイレの裏に営巣しており、賀茂川デルタ先端から賀茂川の出町橋上流の堰堤までを縄張りとしていた。賀茂川の右岸（西側）にも行くが、出町商店街まで遠出することはない。その辺りにはハシブトガラスのペアがいるからだ。この葵公園のペアのすぐ上流にもハシボソガラスのペアがいて、葵橋あたりまでが縄張りだ。さらに上流にも、やっぱりハシボソガラスのペアがいる。鴨川デルタから高野川を遡ると、葵公園のハシボソと背中合わせに別のハシボソガラスのペアがいる。こいつらは家庭裁判所あたりに営巣しており、河合橋と御蔭橋の間にある堰堤までを餌場としている。この堰堤を超えると別のハシボソガラスの縄張りになる。このペアは下鴨神社の参道入り口付近に営巣していた。さらに、御蔭橋の上下流はまた別のハシボソガラスペアの縄張りだ。このペアもやはり、毎年のように下鴨神社の参道脇に営巣していた。その上流にもハシボソがいる。橋や堰堤を縄張りの境目にして、河川周辺はハシボソガラスの縄張りで埋め尽くされている。川はハシボソガラスのものなのである。
もちろん下鴨神社の「中」に住んでいるハシボソガラスもいる。前述のαとβは参道から馬場の一部を利用しており、環境としては樹林ということになるのだが、実際は道の上を歩いて暮らしていたようなものである。境内を流れる禊川《みそぎがわ》や奈良の小川も、彼らの採餌場所だった。γ、δ……と名付けかけたのはその北西側に住んでいたペアで、本拠地は下鴨神社の駐車場や本殿前だった。そして、「凶悪な」面構えのペアは馬場を中心に暮らしており、特に馬場の途中にある広場（古くは池だったようだ）がお気に入りであった**（註6）**。要するに全部、広い地面や水面がある所なのだ。縄張りの面積は3～6ヘクタールくらい。中には1ヘクタールというものもあったが、これはちょっと例外的だ。

ハシボソガラスがここで何をしているかというと、実によく歩く。ひたすらもう、テクテクテクテク歩く。畑を見回っている農家の爺ちゃんみたいである。お尻を振りながら、左右に視線を向けつつ、何か気になるものを見つけるとチョイチョイとつつく。あるいは落ち葉をひっかきまわす。何を見つけたのかと思うとドングリである。冬を越して半分朽ちたようなドングリを拾い上げると、足で踏んで、嘴で殻を剥いてチマチマと食べる。一日中、落ち葉をかき分けながら歩くので、後ろにはミステリーサークルのような跡が残る。時々、ミミズや昆虫を見つけると大喜びで食べる。

もちろん彼らがゴミを食べていないという事はなく、縄張りの中にあるゴミ集積所でゴミ漁りもしているのだが、どう見ても「主食」にはなっていない。α、βに至っては利用可能なゴミ集積所は縄張り内に一カ所か二カ所しかなく、それもごく小規模なものに過ぎなかった。さらに、朝から追跡していても、彼らが必死にゴミ漁りをしているようには見えなかったのである。「別にいいですよ、私らドングリ拾うの好きですから」とでも言うような、カラス

とも思えない地味〜な暮らしなのだった。そのせいかちっとも子供が育たなかったが。

一方、ハシブトガラスには、してやられ続けた。道路のそばに住んでいる奴に狙いを絞って追跡したのだが、それでもすぐに振り切られてしまう。この調査ではとにかく、巣から出るか、巣に入るところを確認しない限り、「このペアです」と言えないのだ。巣のすぐ手前まで行っても、見失ってしまったら「この巣の持ち主です」とは言い切れない。ひょっとしたら、スイーッと素通りして他の巣に入るのかもしれない。いや、そんな妙な事はやらないとは思うが、そう突っ込まれた時に返す言葉がない。標識さえ出来ていれば、足環なりウィングタグなりの色を見て確認すればいいので、途中で目を離してもわかるのだ。なんかこう、楽に片付いてくれるような、うまい手はありませんかね。妖精さんにお願いしたら「たやすいことです?」って一瞬で解決するような(**註7**)。

だが、夢の中で夢でも見ればともかく、冷たく硬いリアルワールドでそのような反則は使えないので、地道に土地勘を養って追いかけることにした。例えば、あるハシブトガラスの巣は下鴨神社の参道を50メートルほど入ったところにある。この巣は神社の東側、産婦人科の手前で右手に入った路地から見える(**註8**)。この辺で待ち構えておいて、ハシブトガラスが巣から出て飛び始めたら、あるいはアンテナに止まって周囲を警戒し始めたら、ダッシュで御蔭通に出る。そこからカラスを追いかけて突っ走れば、御蔭橋の真ん中から高野川左岸のマンションが見える。カラスはマンションの手前の電線に止まるはずだから、その間に川端通りを渡り、マンション入口まで走って待ち構えていれば、ゴミ集積所に採餌に来るカラスを観察できるのだ。信号で待たされそうなら、道を渡るのを諦めて桜並木の下を走り、道路の反対側から観察する。やがてカラスは巣に戻ろうとするので、今度は御蔭橋から3本目のサクラの木の下へ駆け付ける。この角度からだと、巣にまっすぐ戻るカラスが建物の隙間に見えるのである。途中で寄り道されたら「くそ！」と吐き捨て

▲ホウレンソウ（報・連・相）ビジネスの基本

て御蔭橋の真ん中まで走って様子を見る（橋の真ん中はアーチ状に少しだけ高くなっているので見通しが効く）。ここまで来て見失ったら、それで観察は終了。巣の前まで行って仕切り直すか、橋の上で待ち構えて追跡を再開し、今度こそ巣に戻るところを押さえるか、である。土地勘とカラス勘と体力が重要、とはこういうことなのだ。

ちなみに、追跡を重ねるたびにカラスの行動圏は広がって行く。「あれ、こっちにも行くことがあるのか」という場合が出て来るからだ。だが縄張りである以上、無限に広がることはない。京都市内の調査地の場合、追跡合計時間が6時間ほどになると拡大は頭打ちになり、うんと長くても8時間で面積が飽和した。つまり、6時間（できたら8時間）見ていれば、カラスは行くべきところへは全部行く、ということだ。それだけのデータを蓄積するには1ペアに3、4日貼り付く必要があったので、1日に合計2時間ほど「データとして採用できる」追跡ができたことになる。なお、お隣さんが見える時は同時に2ペア追跡というのもやったから、1ペアの追跡に4日かかるからといって2ペアなら8日、というわけではない。うまくすれば6日といったところだ。とはいえ、フルに調査する日は1日に10時間くらいは観察したから、あまり歩留まりの良い方法ではない。

さて、実は、修士課程2年間では、ハシブトガラスの追跡を完全に行うことができなかった。途中で振り切られてもそうそうカラスが入れ替わっているとは思えないから、まあこういう行動圏だよね、という希望的観測込みの図を描いたのだが、ゼミ発表で正直に説明したら案の定、「それ、ほんとにそこまで飛んでんのかい」と教授に突っ込まれた。「足環とかタグとか客観的な証拠は……」と口ごもったところ、「いや、あんたのインプレッションでいいんだよ。どう思う?」と言われたので、正面から教授の目を見つめて「はい、この図に描いた通りです!」と言い切った。教授は「そうか、ならいい」とうなずき、無事に修士を修了することができた。

さて、博士課程。言い切っちゃった以上、「やっぱりわかりませんでした、てへぺろ」というわけにはいかないので、気合を入れてハシブトガラスを追い回した。おかげで調査地の道路には異常に詳しくなったし、(大声では言えないが)非常階段の配置とか、鍵のかかっていないアパート屋上にも、ずいぶん詳しくなった。ちょいと間違ってそういうところに迷い込んで、偶然にもカラスがよく見えたことがあったからである。ついでに、その辺りの犬や猫ともずいぶん知り合いになった。それでも調査範囲に妙な空白部分があったのは、双眼鏡を持って大学女子寮と女子学生専用マンションの周囲を徘徊する勇気がなかったせいである**（註9）**。

とにかく、この頃には私もかなりきちんと追跡できるようになっており、さらに（合法的に）建物の屋上を借りて観察するなどの手も使ったので、調査地のハシブトガラスの縄張りが見えて来た。ちなみにビルの屋上から見下ろすと、先の「6〜8時間ぶんの追跡データ」が1日か2日で取れてしまう。地べたを走り回るのは実にこう、哀しくなるくらい効率が悪い。

さて、その結果である。ハシブトガラスの行動圏はとことん、ゴミ基準なのだった。彼らの行く先には必ず、マンションやアパートや飲食店がある。そして、ピンポイントに餌場に舞い降りてパクパクと餌をくわえ、スーッと飛んで戻って来る。あるいは、その途中の民家の屋根や、電柱のトランスに餌を隠す。行動圏のサイズはハシボソガラスよりやや大きく、5〜10ヘクタールくらいだ。ただ、その広さをベッタリ使っているのではなく、「必要なポイントを囲い込むとそれくらいのサイズになる」という意味である。ハシボソガラスならば、もっと面的に餌を漁る。

非常に面白かったのは、少なくとも2ペアのハシブトガラスで、「分断した縄張り」が見られたことだ。どちらも下鴨神社に巣を持っており、巣の周辺はガッチリ防衛している。高野川に至るまでの住宅地も、ちゃんと防衛している。そして、高野川を超えた左岸側に餌場を持っている。ところが、巣と餌場の途中にある高野川はびっしりとハシボソガラスの縄張りで埋め尽くされているのである。ハシブトガラスはここを突破し、最短距離を飛び越えて餌場に向かう。普通なら、彼らが通るところはハシブトガラスの縄張りの一部であり、ハシボソガラスが入

▲「あそこ、ゴミ多いわよ」「むこうはネットがあまいよ」
夫婦のコミュニケーションは大事

ることはできない。ところが、どう見ても高野川にそんな隙間はない。実際、ハシボソガラスが「領空侵犯」をやらかすと、ハシブトガラスは激怒して飛び立ち、ガーガー鳴きながら追いかけて行く。そして、ハシブトガラスは逃げるだけで反撃しない。ハシブトガラス自身も、自分の縄張りだと思っていないのだ。

問題はこの後である。川を飛び越えたハシブトガラスはビルの上に止まり、追って来たハシボソガラスに対して威嚇を始める。川を超えた途端に攻守逆転、今度はハシブトガラスがハシボソガラスを追い出そうとし始めるのである。実際、怒ったハシボソガラスがそのまま突っかかって行くと、川から30メートル程度の範囲で空中戦になることもあった。

▲領空侵犯はだめだよ

だが、そこから奥にハシボソガラスが入ることはない。必ず撃退されてしまう。つまり、対岸は再び、ハシブトガラスの縄張りなのである。

さて、縄張りは「所有者によって排他的に占有される空間」とするのが一般的だ。このハシブトガラスとハシボソガラスの関係の場合、ハシボソガラスは明らかに河川敷を占有したがっており、かつ、ほぼ占有できている。時々「領空侵犯」をやらかすハシブトガラスに通過されるが、河川敷の地面を勝手に利用されているわけではない。一方、ハシブトガラスの方は、そもそも本人に河川敷を占有する気がないし、占有どころか利用もしていない。しかも、川の上では逃げる一方だから高度によって支配権を分けているわけでもない。となると、川の上空はハシブトガラスの縄張りではない。縄張りが川を挟んで分断されている、と表現するしかないのである**（註10）**。

モリムシクイという鳥では、1羽の雄が時に1キロメートルも離れた所に二つの縄張りを構え、それぞれの縄張りで別の雌とつがいになる例が知られている（複縄張り制）。なんだが、ハシブトガラスの場合はこういう、本宅と別宅みたいな二重生活ではない。なんというか、寝室とダイニングの間に別の家が挟まっていて、よそ様の敷地を横切らないと食事ができない、といった感じだ。こんな妙な話は聞いた事もない。

だが、ハシブトとハシボソの生活をつぶさに見ていると、どういう事なのかはだいたい理解できた。ハシブトガラスはちっとも地面に降りないし、河川敷を使おうともしないのだ。縄張り内にある小川にすら降りて来ない。

カラスを追跡している間に場所と行動と時刻は逐一記録してあるので、いつ、どこで、何をしていたかは全てわかる。まず、観察記録を当たって、地上に降りていた時間を抜き出してみよう。そして全観察時間に占める地上滞在時間を比較してみる。すると、地上に滞在している時間はハシブトガラスではせいぜい10パーセントなのに、ハシボソガラスは30パーセントを超える。時には40パーセント以上だ。「ハシボソガラスは追跡しやすい」とはこういう事である。

「どこに降りて、何をしていたか」をまとめると、ハシブトガラスが水辺をどう使っているかわかる。ハシブトガラスは水を飲むか、水浴びする以外の理由で水辺に降りて来ることはまずない。これがハシボソガラスなら、せっせと水辺に降りて石をひっくり返し、草むらを覗き込み、水生昆虫やザリガニを探して食べる。ハシブトガラスはそういうことをやらない。つまり、ハシブトガラスにとって、河川敷は採餌に使わない場所なのだ。

では、彼らはどこで餌を取っているのか。採餌に関する記録を抜き出して、どの場所で何分間を採餌に費やしたかまとめてみよう。ハシブトガラスの採餌時間の80パーセント以上は市街地だが、縄張りに占める市街地面積は40パーセント程度だ。ハシブトガラスの採餌環境は明らかに市街地に偏っていて、それ以外の場所ではあまり餌をとっていないことがわかる。逆に、ハシボソガラスは水辺や草地や落ち葉の上などでも餌をとっていて、採餌した環境の割合は、縄張り内の環境区分の割合とほとんど変わらない。つまり、ハシボソガラスはどこでも手当たり次第に餌を取っているのだ。

対岸のゴミが目当てで河川敷などいらないハシブトガラスと、河川敷が重要な餌場であるハシボソガラス。ピンポイントにゴミを狙うハシブトガラスと、地面を歩き回って餌を探しているハシボソガラス。この違いが両者の縄張り配置の違いを生み、さらに「ハシボソガラスの縄張りによって分断されるハシブトガラスの縄張り」という奇妙な構造まで生んでいたのである。

註1【女性により接近する傾向】 これが事実なら大変なことだ。男女というカテゴリーを「見分ける」というのも大変だし、さらに「男は危険だが女は安心」などと属性をつけて覚えている、ということになる。実験者が女性でも、服装はスカートのこともパンツのこともあったので、服装で見分けるのは無理である。髪の長さも、必ずしも女性だから長かったとは言えない。その辺は私がカツラを被ったり、スカートを履いたり、シークレットシューズで身長を変えたりして確かめればいいのだが、さすがに公園でそこまでやる度胸はなかったのでやめた。

註2【恐怖症】 博士課程の頃だったか、自分がゼミで発表している夢を見た事がある。目の前で教授がつまらなさそうに鼻をほじり、その向こうで先輩二人がレジュメを手に「これ違うよな」「ここがよくわからん」とヒソヒソ話を始め、助手の先生はいつもの様子で椅子に深くもたれてしかめっ面でレジュメを検討しており、頼みの綱の助教授はと思ったら退屈して寝ている、という悪夢である。思い出すだけで背筋が凍る。

註3【社会的関係に影響】 サルは相互に毛繕いを行うので、この時に標識を気にして落とそうとすることもある。鳥の例では、キンカチョウという鳥に足環をつけたところ、赤い足環をつけた雄は急にモテるようになった例がある。恐らく、「赤い部分が多いほどモテる」といった傾向がもともとあったのだろう。

カラスの場合、足環が社会性に影響したという観察例は今のところないが、執拗につつき回して破壊してしまう例はある。

註4【ηじゃなくてuじゃなくて】 ε（エプシロン）じゃボケ。識別記号に使うつもりなら思い出しとけ自分。

註5【目ができる】 生物学では「サーチング・イメージが形成される」という。一度でも本物を見て実際の見え方がわかると、以後、風景の中からサーチング・イメージに合致するものを切り取るのが容易になる。動物が視覚で餌を探す時も重要である。

註6【馬場の途中にある広場】 時代劇の撮影にも使われる場所だったので、メーキャップ用とも思われるアイブロウペンシルや筆を拾ったこともある。「御家人斬九郎」の撮影だったと思われるが、渡辺謙さん、若村麻由美さんもあそこにいたのかー。

註7【妖精さん】 本人いわく「にんげんさんがすきすぎて、あたまおかしーですから」。楽しそうなことを頼めばやってくれるだろうが、わけのわからない騒動を引き起こすのもほぼ、目に見えている。詳細は「人類は衰退しました」（田中ロミオ／ガガガ文庫）を参照。

註8【産婦人科の手前で北に入った路地】 この奥こそが下鴨泉川町であり、崩壊寸前の木造アパートがあって、色あせた浴衣を着た怪人が暮らしていたはずである。また、この先の下鴨神社にほど近い歯科医院には戦国武将のような雄々しい眉をした女性歯科技工士が勤めていたに違いない。私がこの付近に下宿していたならば、黒髪の乙女と共に歩む薔薇色のキャンパスライフを夢見つつ、度し難いアホ学生として永久に四畳半を放浪していたであろう。小津はい

なくともよい。よくわからない人は『四畳半神話大系』（森見登美彦／角川文庫）をご一読あれ。

註9【周囲を徘徊する】 市街地で鳥の調査を行う時、双眼鏡を持ってウロウロする見た目の怪しさは、しばしば問題になる。私は一度も調査中に通報されたことはないのだが、理由の一つはこれ見よがしに大口径の双眼鏡をぶら下げ、望遠鏡を担ぎ、ノートを握りしめていたからだろう。のぞきにしては大胆すぎる。三上修さんたちが市街地でスズメの調査を行った時は、ウォーキングのフリをする、などの手を使ったとのこと。三上さんはどこから見ても人畜無害なので、小細工しなくても大丈夫そうだが。大学の先輩は市街地でサギを捕獲していたら（もちろん研究のためで、許可を得ている）善良な市民の通報によって警察が来たことが何度もあり、お手製の「鳥類調査中」という腕章をつけておられた。腕章さえあれば不思議と「正当な仕事でやってます」感が出るのだ。

なお、三上さんは『スズメの謎』（誠文堂新光社）、『スズメ　つかず・はなれず・二千年』（岩波書店）という名著の作者でもある。特に『スズメの謎』は科学の方法論や解釈の作法が三上さんらしい明晰かつ慎重な筆致で丁寧に書かれており、科学というものを知りたい方にもお勧めする。理系の高校生、大学生は必読だと思う。

註10【川を挟んで両側に分断】 ただ、これが永続的な状態かどうかは不明である。やがてハシブトガラスがハシボソガラスを押しのけ、河川上空の通り道を確保する可能性もある（十分に確認できなかったが、そのように思われる例も見た事はある）。しかし、一時的であるかもし

れないが分断状態があったのは、本文に後述したように利用価値の非対称性が理由だと考えられる。

鴉屋の京都御所にて悪戦苦闘すること

　さて、カラスの縄張りの様子や、その環境についてはだいたいわかった。繁殖しているカラスはほぼ縄張りから出ないので、彼らが必要とする資源や環境は、縄張りを見ていれば見当がつく。そして、彼らの環境利用の違いは、どうやら地上での採餌行動にあるという事もわかった。

　だが、縄張り個体を観察したら採餌行動が違いました、というのは、本当に「2種のカラスの行動の違い」と言って良いのだろうか。もっと別の理由があって縄張りの環境が違い、その結果、縄張りに合わせた行動を取っているだけかもしれない。例えば、ハシボソガラスは「ほんとはこんな地味なことやりたくねえよー、でもここしか縄張り空いてなかったんだよー」と思いながら、石をめくったり落ち葉をかき分けたりしている、かもしれない。ハシブトガラスも「俺、ホントはもっと色々できるんだからね？」と思いつつ、「でもこの方が楽だしー」と生ゴミを狙って暮らしているのかもしれない。縄張りが先か、行動が先か？　いや、行動が先なのだろうと思ってはいるのだが、どうやったら検証できるか？

　ポイントは「縄張りの環境が違い」という部分だ。本来2種が同じ環境で好きなように行動するなら、本来やりたい事をやっているはずだ。つまり、縄張りがなければ良いのだ。幸い、若いカラスは集団で行動しており、縄張りを持たない。ハシブトガラスとハシボソガラスが同じ場所にいることもある。そういう場所で観察すればよい。

　よし、では観察に適当な場所はあるか？　ある。それもすぐ近くにある。京都御所だ。ここにはハシブトガラスもハシボソガラスもいて、ハシブトガラスは木に止まってカアカア鳴き、ハシボソガラスはせっせと芝生を歩いている。お互いの行動に無闇に干渉しているようには見えない。奈良市の自宅から

ほんとはね、
いろいろ
できるんだよー
がサ
ゴソ
ゴミ袋

大学に行く途中にある、というのも便利で良い。

さて、今回は最初から調査目的が絞れているので、調査項目もはっきりしている。カラスの地上での採餌行動だ。先行研究と自分の観察から、カラスがやりそうな採餌行動は見当がついたので、これをリストアップしておき、「この行動が何回、この行動が何回」と数えればいい。また、地上での滞在時間も全然違うだろうと予測できたので、これも計測することにした。ハシボソガラスの方がテクテク歩く感じを受けていたが、これも歩数を計測すれば定量的に数字で示せるはずだ。うむ、要するにカラスの地上での行動全部だ。そういうことになった。

……具体的には、どうやって?

研究室にはビデオカメラが何台かあった。だが、メンバーはみなビデオを使いたい。そこでビデオがないと研究ができない人に優先的に回すことになっているのだが、私の場合はいささか微妙だ。あったらあった方がいいのだが、「ないとできない」わけでもない。目視でノートに記入するなり、観察しながら口に出してテープレコーダー(というところに時代を感じる)で録音するなりしても可能だからである。結局、ビデオカメラの性能の問題もあって、観察はビデオなしで、ノートに書くことにした。望遠が不十分だと行動が見えないし、手ぶれやオートフォーカスの迷いもあるし、当時のビデオは長時間の録画も難しかったからである。

手順はこうだ。まず、予備観察を行って記録すべき行動をリストアップする。それから、その行動全てにアルファベット２文字のコードを割り当てる。例えば採餌ならＦｅ（Feed）、歩いたらＳｔ（Step）、飛び跳ねたらＨｐ（Hop）である。草や落ち葉をかき分けて餌を探すのはＳｗ（Sweeping）、地面を掘ったらＤｇ（Digging）、石をめくったらＴｕ（Turning）とした**（註1）**。ノートを見直したら羽づくろいを示すＰｒが時々Ｐｌになっていたが、Preeningだったか Pleeningだったか忘れたからである。ＡＰｒと３文字で書いてあるのは他個体への羽づくろい（Alo-Preening）が観察中に出て来て咄嗟に作ったからだ。

これと行動の回数を示す数字を組み合わせて書き付けて行けば、観察記録のできあがりである。この記録はTD / LA / St2 / LA / LD / St4 / Pk2 / Fe1 / LA / St12 / LD / Sw6 / LD / Sw5 / Pk1 / Fe1 / などと続き、最後はSt2 / LA / TO / / 4' 32となっている**（註2）**。

面倒だが日本語に直すと、「着地した、回りを見た、2歩歩いた、回りを見た、下を見た、4歩歩いた、2回つついた、1回食べた、回りを見た、12歩歩いた、下を見た、6回かき分けた、下を見た、5回かき分けた、1回つついた、1つ食べた」となり、最後は「2歩歩いた、回りを見た、飛び立った。地上滞在時間4分32秒」の意味だ(4'32は4秒32だろ、という突っ込みは無しで)。

実際に調査してみると、こんな感じになる。地面に降りそうなカラスを見つけると狙いを定め、降りた瞬間にストップウォッチを押し、双眼鏡かフィールドスコープの視野にカラスを入れ、開いたノートにブラインドタッチ(?)で呪文を書き付けるのである(註3)。ノートに目を落としている暇はないので、改行やページをめくるタイミングは勘だ。慣れれば思ったより難しくないのだが、カラスの地上滞在が長くなると双眼鏡を持つ腕が疲れ果てる。23分も地上にいやがった時は「さっさと飛べ馬鹿野郎」とまで思った。もちろん、狙いをつけても降りて来ないこともある。地面に降りても明らかに邪魔が入って飛んでしまったら、その観察は使えない。もう一つ大変なのは、家に帰ってから、殴り書きのノートの内容をパソコンに打ち込む作業である。深夜、CDを聞きながらポチポチと打ち込んでいたのを思い出す。

さて、こういう事をやってみると、ハシブトガラスとハシボソガラスの行動の違いは極めて明確だった。まず、地上滞在時間。ハシブトガラスは平均して90秒くらいで、長くてもせいぜい3分である。ハシボソガラスなら3分やそこらは普通に滞在する。長ければ10分も珍しくない。次に、その間に歩いた歩数。ハシブトガラスは30歩も歩けば上等。ただでさえ地上にいる時間が短いのに、立ち止まって「どうしようかな」と考えている時間が長いので、さらに歩数が少ない。彼らにとって地面は無闇に歩き回るものではないらしい。

一方、ハシボソガラスは平均して100歩から200歩ほど歩く。一気に何十歩も歩くこともある。

▲ウォーキングは毎日かかなさい

飛べよ、と言いたくなる距離をテクテク歩いて移動したりする。

実際に餌は採れているのか？　というと、どちらもちゃんと餌は採っている。ただ、ハシブトガラスはサッと降りて来てパクッと食べてパッと逃げる感じなのに、ハシボソガラスはテクテク歩いてはつつき、歩いては覗き込みを繰り返して、「チマチマと拾っては食べている」という感じだ。この「なんか違う感じ」を量的に示すために、歩数と獲得した累積餌数の関係をグラフにしてみた。すると、ハシブトガラスは最初に餌が採れて、その後はほぼ追加されないまま、すぐに地上滞在が終了するのに対し、ハシボソガラスは歩けば歩くほど採餌回数が伸び続ける様子が明確に示せた。また、ハシブトは着地から餌にありつくまで、わずか数歩。ハシボソはもっと歩く。

そうか、問題は「餌のある所に降りて来たかどうか」なのだ。ハシブトガラスがほとんど歩かずに餌を得ているのは、最初から餌の真横に降りているからだ。ということは、降りる前から餌を見つけているに違いない。ハシボソガラスはそうではない。まず降りてみて、それから歩いて餌を探索する。降りて探してみるまで、餌がどこにあるか、どれくらいあるかは本人にもわからない。これが本質的な違いなのでは？

この発想を後押ししてくれたのが、地上での採餌行動の違いである。ハシボソガラスは落ち葉のかきわけ（スイーピング）や穴掘り（ディギング）を頻繁に行うのに、ハシブトガラスは全然やらない。芝生に落ちているものをつまみ上げるだけだ。数字で言えば、ハシボソガラスは４７例の観察のうち、１３４回、落ち葉や草をかき分けた。そのうち餌が捕れたのは４４回だから、３回に１回は餌にありついている。地面に穴を掘ったのは６８回、うち３０回は餌を得ている。約半分とは、随分と高確率だ。人間が当てずっぽうで地面を掘っても絶対に無理である。

　逆にハシブトガラスは判定基準をうんと甘くしても、４２例の観察のうち芝生をかき分けたのが１０

▲むっしゃむしゃ

▲ちょびちょび

回あるかどうかで、しかも餌を得られたのは一度だけだ。それも貯食であった可能性が高い。地面に穴を掘ったことはない。

この採餌行動の違いは何だろう。土、落ち葉、そして鴨川でしばしば観察した、川原の石。餌の上に遮蔽物があるかどうか、その遮蔽物をどけてみないと餌の存在が確認できないか、がポイントではないか。ならば、「ハシブトガラスは餌が見えないと採餌行動を起こさない」という仮説が立てられるのでは？　だからこそ、彼らは餌が見えた時だけ、その餌の横に舞い降りるのでは？

こういう事なら、野外実験ができる。基本的な計画はこうだ。まず、ボール紙製の蓋を被せて見えなくした餌を置いておく。ハシブトガラスがやって来ても、餌は見つけられないので、そのまま飛び去るだろう。そこで次に、透明なビニールで窓をつけた蓋に取り替える。さっきと違うのは、窓を通して餌が見えていることだ。今度は蓋をどけて餌を食べようとするだろう。

実際には蓋だけでは「餌があると思っているが警戒して近寄らない」「そもそも何かあるのに気づかない」「空腹じゃないので餌はいらない」といった可能性もあるので、

普通に見えている餌と、蓋を被せて見えない餌を同時に提示し、「蓋のある方も食べる?」という状態にした。

さて、こういう新しいことをやる時は、まずαとβに頼る。彼らが一番、私に馴れているからだ。試してみると、カラスが羽ばたきながら降りて来た時の風圧で蓋が吹っ飛ばされ、カラスはごく普通に、丸見えになったソーセージを拾って食べることがわかった。この点は蓋の裏に板鉛を貼付けることで解決した。改良型で実験すると、βちゃんはヒョイと蓋をくわえてひっくり返し、ソーセージを見つけて食べた。よし、これでいい。本実験開始だ。

翌朝、京都御所にこの仕掛けをセットし、20メートルほど離れた切り株に座って、カラスが来るのをじっと待った。ほどなくカラスはやって来た。うまい具合にハシブトガラスだ。3羽くらい見える。枝の上で首を傾げながら様子を伺っていたカラスは、スイッと地上に降りると、ちょっとためらってから用心深く蓋に近づいた。そして、近づいてはピョンと飛び下がってから、恐る恐る嘴を伸ばして蓋をひったくり、パッと飛び立った。途端、周囲にいた他のハシブトガラスが追跡を始め、空中で蓋の争奪戦が始まった。くわえていた1羽が取り落とした蓋を空中でキャッチし、奪い取る別の1羽。こいつは50メートルほど飛んでマツの枝に止まると、蓋を踏んづけて嘴でつつき始めた。ひとしきりつつくと、ひっくり返してまたつついた。それから、またひっくり返して引っ張った。好き放題につつき回すと、興味を失ってポイと捨てた。魚肉ソーセージには、最初から見向きもしなかった。

……なぜだ。こいつボール紙フェチか。

三度ほどやってみたが結果は同じで、蓋を取り返すのに苦労するばかりなので、この日はとりあえず中止した。置いてある魚肉ソーセージは食べることもあったし、放置されることもあった。魚肉ソーセージが嫌いなのかと思ったが、それだけを与えてみる

▲この箱が欲しいの！　こーれーがーほしぃぃーいのォ〜！！

とパクパク食べる。別に嫌いではない。

しばらく考えて、やっとわかった。要は「カラスの目にどう見えるか」なのだ。京都御所のカラスは人間が弁当やお菓子を食べているのをよく知っているし、ゴミを漁るのにも馴れている。紙でできた箱形のものは、スナック菓子や弁当に見える筈だ。私はこの実験を通じて「この蓋の下に何か、いいものがあると思う?」と聞いたつもりでいたのだが、実際には「こういう箱に入ったお菓子食べた事ある?」と聞いていたのである。答えは一つ、「あるある、大好きだからその箱よこせ」だ。予備実験の時のβちゃんはゴミ漁りにさして興味のない、とてもお行儀の良い子だったのである。

ならば、人工物に見えなければいいわけだな? 調査地はマツ林なので、マツの葉が枝ごと落ちていることがある。これをそのまま被せてしまえ。これなら自然だろう。

この方法は非常にうまく行った。某先生には写真を見せるなり「いやー、わざとらしいと思うけどなあ」と言われてしまったが、カラスにとってはごく自然でナチュラルな仕上がりだったらしい。あまりにナチュラルすぎて、魚肉ソーセージが2切れ、見えるように置いてあることにすら気づいてもらえなかった。最初に実験した時は、朝イチから夕方まで8時間、何も起こらない芝生を見つめ続けた。翌日はさすがに、6時間たったところで諦めた。御所の芝生を14時間見つめ続けた男は、ざらにはいないはずである。

さて、どうしたものか。餌を増やすという手はある。だが、あまりたくさんの餌を置いてしまうと、カラスは食べきれずに貯食を始める。その間に他の個体も来るだろう。取り得る行動パターンが増えすぎると、解釈が非常に面倒になりそうな気がする。複数個体が絡んでしまうのもややこしい。御馳走を見つけたカラスが何羽も来て喧嘩になってしまった場合、気づかずに落ち葉を蹴飛ばしたのか、狙って落ち葉を除去したのかもわからなくなる。だから、「来てみたくなるのに実際には大した餌じゃない」という何かがほしい。何かないか。

そうだ、カラスが見ているのは具体的なモノとは限らない。あいつらは情況も見る。餌がありそうなシチュエーションで誘えばいいのだ。

かくして、正式な実験手順はこうなった。まず、荷物やコートで隠しながら、3ミリ厚にスライスした魚肉ソーセージ2切れ(M社製)を地面に置く。次に、用意してある枝付きのマツ葉（これも実験道具なので、いつも同じものを使う）をソーセージの上に被せる。最初のソーセージから50センチ離れたところに、同じくM社製の魚肉ソーセージ2切れを置く。こちらは「見せる餌」だ。そして、実験セットから50センチ離れた場所に座り、周囲からよく見えるようにデイパックを開けてコンビニ袋を取り出し、F社製のチョコチップスナックパンを取り出す。これを手にもって周囲に見せた後、パン2本を5分かけて食べる。5分たったら速やかに20メートル離れ、観察を開始する。

以上だ。ハシブトであれハシボソであれ、カラスは人間が弁当を食べていれば様子を見に来て、人間が去った後で地面を歩いて餌が落ちていないか確かめる。だから、わざとらしく昼飯を食うことでカラスに「何か落ちているかも」という期待を持たせ、地面に目を向けさせたのである。目論み通り、カラスは速やかに私に目を付け、立ち去った後に降りて来て地面を探した。立ち上がって歩き出した途端、私が観察ポイントまで下がる前に降りて来た奴までいた。そして、難なく「見せる餌」の方の魚肉ソーセージを見つけた。これを「ひょいぱく」と食べると……

ハシボソガラスは周囲を歩き回り、横目でじーっと落ち葉を眺めると、嘴を差し入れて落ち葉をパッとはね除けた。さらに二度、三度と掃いて、あっという間に隠してあるソーセージを発見して食べてしまった。それだけではない。「まだあるでしょ？」と言わんばかりに、執拗に落ち葉を跳ね飛ばし始めたのである。ひとしきり跳ね飛ばして立ち去ったかと思うと、「でもやっぱりまだあるでしょ？」と戻って来て、また落ち葉をガサゴソやる。諦めて立ち去ったかと思うと、また意味ありげに戻って来る。うわ、しつこい。放っておくと5分くらいウロウロしていることもある。やっと納得して飛び去った後は、土が露出するまで落ち葉が掃き除けられている。必殺掃除人と呼びたい。

　これがハシブトガラスの場合、行動は極めて単純だ。ピョンピョンと飛び跳ねて寄って来ると首を

伸ばしてソーセージを咥え上げ、そのまま飛び去ってしまう。20回ばかり実験した中で2回だけ、嘴でためらいながら落ち葉に触れたことはあったが、触ってみても別になんということもなかったのか、結局何もせずに飛び去ってしまった。一方、ハシボソガラスならば、必ず落ち葉をはね除けて餌を探す。そしてほぼ確実に餌を見つける。22回の実験のうち、餌を発見できなかった事が2例だけあったが、それはハシブトガラスが隣に降りて来たので逃げてしまったからである。ちなみにこのハシブトは落ち葉をじーっと眺めた後、「フン」という顔で飛び去ってしまった。滅多にないことだが、この実験は驚異的な成功を収めたのである。

最後にダメ押しとして、東京でも観察と実験を行ってみた。東京都心部にはハシブトガラスしか分布しないので、ハシブトガラスはどんな環境でも自由に使うことができる**（註4）**。ハシボソガラスがいないのだから、彼らに先を越されてしまうこともない。もし芝生や河川敷を利用する気になれば、そこで餌を取ってもいい。

この時は夜行バスをフル活用し、朝イチで歌舞伎町のゴミを漁るカラスを見た後、代々木公園や多摩川に移動して観察と実験を続けた。夜は友人に泊めてもらうか、カプセルホテルである。一度、友人に泊めてくれと言ったら「部屋の中は暑いから外にしよう」と言われて、二人で野宿したこともある（註5）。

さて、歩数や地上滞在時間を計ってみたところ、ハシブトガラスは東京でもやっぱり、ハシブトガラスだとわかった。ただ、地上滞在時間は京都よりは長めだ。とは言っても平均すれば数十秒長いかな？　という程度。歩いた歩数も少しだけ多かったが、大差はない。ただ、個体レベルで見れば、地上滞在20分、その間に1000歩近く歩くというツワモノもいた。京都にもこういうヘンな個体はいて、特に夏の終わりに空蝉を探しているカラスはよく歩くのだが、代々木公園には意味もなく妙にテクテク歩く奴がいる、と思ったのは覚えている。

採餌行動を記録してみると、やはり京都よりもスイーピングが多い。時折、落ち葉の溜まった場所でガサガサッとやるのだ。ただ、それによって餌を探しているというより、貯食を探しているのではないか？　という気配が濃厚だった。カラスは隠しておいた餌を取り出して食べることもあるし、隠し場所を変えることもよくある。さらに、これが隠し場所を変える理由なのだが、他人の貯食を盗みに来る奴もいるのだ。前述の「ガサガサやるカラス」が何を狙っていたのかはわからないが、もとは貯食を探していたのだとしても、頻繁に昆虫などを見つけることがあれば「落ち葉が溜まっていたらガサガサしてみると良いことがある」と覚えるかもしれない。

だが、落ち葉で餌を隠して「見えない餌を探す」実験を行うと、この反応は京都と全く同じ。東京でもハシブトガラスは落ち葉に触れることなく、見えている餌だけを咥えて飛び去ってしまう。多少地面に馴れたとしても、ハシボソガラスのような習性を完全に身につけてはいないということか。よしよし。

東京で観察したのはもう一つ、河川敷での行動である。京都市ではハシブトガラスが河川敷に降りて来る場所が見つけられず、観察のしようがなかったのだ。多摩川の中流域で観察してみたら、ハシボソガラスもハシブトガラスもたくさん降りているところが見つかった。どうやらねぐらの近くで、集団が集まって来る場所だったようだ。

ここで見ていると、ハシボソガラスはせっせと河川敷の石をひっくり返している。ターニングという行動だ。集計してみると、ターニングを150回ほど観察し、これによって50回以上、餌を取っている。ということは、石を3つひっくり返せば、1回は餌が見つかるということだ。試しに自分でやってみたら完敗した。手当たり次第ではなく、「虫のいそうな石」をちゃんと見分けているのであろう。

ではハシブトガラスは何をしていたかというと……何もしていない。所在なげに何やら咥え上げることはあるのだが、だいたいはゴミである。たま～に、食えるものを拾う。石をめくるなんて行動は一切やらない。全然ダメじゃん。

となると、「じゃあ何でハシブトガラスはここにいたの?」ということになるのだが、たまに餌が見つかることと、ハシボソガラスがいっぱいいるので引きずられて降りて来てしまった、というところだろう。とにかく、河川敷はハシボソガラスのもので、ハシブトガラスが来た所でボンヤリしているしかな

いのだ（註6）。

さあ、これで彼らの採餌行動の違いが明確となった。ハシブトガラスは隠れた餌を探そうとはしない（註7）。彼らの餌は、上から探せるようなものだけだ。だからこそ、樹上から下を見ていて、餌を見つけた時だけ餌の横に降りて、食べたらさっさと飛ぶ、という行動を繰り返す。それゆえに、草をかき分けたり石をめくったりするまで餌が見えないような場所、つまり草原や農地や河川敷は、ハシブトガラスが魅力を感じない場所なのである。ハシボソガラスは逆だ。彼らはもちろん、ゴミを見つけて降りて来ることもできるが、「とりあえず降りてみて、疑わしいと思ったらいつまでも執拗に餌を探り続ける」という行動も得意だ。それ故に2種の好む環境は違っており、やや異なる場所に縄張りを構えて暮らしている。河川敷と森林と住宅地が入り混じる地方都市は、どちらのカラスにとっても住む場所がある、2種の共存を許す場所なのだ。

これが、大学院時代に私が研究したことだった（註8）。

註1【草や落ち葉をかき分けて】 草の中に嘴を差し入れたり、土に嘴を突っ込んだりする行動は、まとめて「プロービング」と呼ぶことが多い。例えばワイトの研究では、ミヤマガラスが草むらを押し分けて探すのを「サーフェス・プロービング」、土に嘴を差し入れてミミズを引っ張り出すのを「ディープ・プロービング」としている。先行研究との整合性を考えると踏襲すべきだが、ここでは記録の混乱を避けるため、行動を細分した。

註2【TD / LA / St2】 細かく言えば、着地した瞬間は0歩なのか1歩なのか、1歩とは片足出して1歩か「右、左」で1歩か、などといくらでも凝ることはできる。が、設定に凝りすぎるとしばしば自滅するので、ほどほどに。着地がタッチダウン(TD)で飛び立ちがテイクオフ(TO)なのは、単なる趣味である。

註3【ノートにブラインドタッチ(?)で呪文を書き付ける】 こういった、行動を類型化して整理したものをエソグラムと呼ぶ。各行動にコード番号を割り当てておき、数字キーを押すと記録される装置もあったそうだが、今なら行動を録画して後でパソコンに打ち込む方がよっぽど楽で間違いもない。なお、双眼鏡を片手で持ったままノートを押さえてペンを握るには手が3本いりそうだが、ウエストパックや膝の上に開いたノートを乗せれば2本でも可能。

註4【ハシブトガラスはどんな環境でも自由に】 そこに生息する生物の種数が少なく、生態的地位(ニッチ)に空きがある場合、本来は使わないところまでニッチを広げるという例はしばし

ばある。ハシブトガラスしかいない場合、空白となるハシボソガラスのニッチをハシブトガラスが埋める可能性はある。沖縄では実際にそうなっている可能性がある。

註5【野宿】 うっかり忘れていたが、そいつの自称は「野宿の帝王」だった。待ち合わせた駅前で会うなり「行きつけのいい公園があるんっスよ！」と言って連れて行かれた。行きつけって何なんだ。ちなみにその「いい」公園ではロクでもない目にあった。

註6【ボンヤリしているしかない】 正確に言えば、「沖縄以外では」となる。リュウキュウハシブトガラスは河口でマングローブの根元に降りている事がある。何をしているのかはよくわからない。明らかに漂着物や魚の死骸をつついていることもあるが、そうでないこともある。カニなどを探している、のかもしれない。水面に浮いた泡（というか波の花というか）をつついているように見えることもある。

註7【ハシブトガラスは隠れた餌を探そうとはしない】 と、こう言い切って良いものかちょっと悩む。まず、この時代の京都市でも、秋の終わりにイチョウなどの落ち葉が山積みになっている所では、ガサゴソと落ち葉を掘っていることがあった。餌を探すというより、やはり貯食っぽかったけれども。

それから15年ほどたつが、今、東京のハシブトガラスは結構地面に降りているし、なんだか落ち葉をガサゴソやっている。短期間で行動が変わって来てるんじゃない？ それとも、今まではこういう行動を人前で見せていなかっただけ？　京都でも、なんとなくそういう傾向を感じることはある。今同じ調査をしたら結果が違うかもしれない。

註8【私が研究したこと】　こう書くと目的がバシッと決めてあって一直線に前進したように見えるが、実際はあっちにフラフラ、こっちにフラフラで、最後にまとまったからいいじゃん、てなものである。とはいえ、それが本を書くネタになっているのだから、最終的には無駄ではない。という事にしておく。ちなみにこの研究の後……　まあそれは別の機会に。

▲河原ですることといったら……

おわりに

「カラスの研究をしていなかったら、何をしてましたか」なんて聞かれることがある。さあ……カラス以外に調査したってえと、ニホンザルかなあ。でもサルはそんな好きじゃないし興味もないって気づいてやめちゃったからなあ。チドリの研究もしたけど、あれもちょっと違うな。案外、タコの研究でもしていただろうか。うん、タコはいいな。興味で言うならオオカミという手もあった。ヘビやクモも好きだった。結論。よくわからない。

では、もう少しリアルなところを語ってみよう。あの春、東京大学総合研究博物館が鳥類の研究者を急遽求めなかったら、そして私を拾ってくれなかったら、私は何をしていたか？

多分、京都大学理学部の隣の知恩寺の境内に現れ、手づくり市で怪しげな手描きTシャツを売り、日銭を稼いで生きていた。冗談を言っているのではない。本気でTシャツの仕入れ値から原価計算したこともある。私なんぞより優秀な研究者はいくらでもいて、大学の公募は常に狭き門なのだ。あとはアセス会社の調査バイトで食いつないだろうが、その後のアセス氷河期を迎えて顎が干上がっていたであろう。行き着く先はニート、自宅警備員だ。それなりにオタク要素は持っているので、それはそれで楽しくヒッキーをやっていたかもしれないし、迂闊なツイートが炎上した上に既女板で祭りになり、スネークされてガクガクブルブルしていたかもしれない。

いや、決して冗談ではない。今どきの研究者の卵というのは、多少の脚色と歪曲と偏見を含むにせよ、こんなものなのだ。「ちょっと待て、考え直せもう一度」とは、後期博士課程に進学する時によく言われる言葉である。誰が言ったか博士号とは「足の裏のご飯つぶ」。取らなきゃ気持ち悪いが、取ったからって食える訳でもない。

そんな私だが、この世の果てでカラスの餌になる前に、僥倖に恵まれて就職し、僥倖に恵まれて良い編集者にも巡り会い、さらに今また、この『カラスの補習授業』を上梓することができた。共同研究者に恵まれたおかげで研究もできている。オオカミにくっついて餌を拾うカラスみたいなものだ。素晴らしき哉、カラス人生。まあ何とかなるもんさ。

さて。

今回、ひたすら書きなぐったのは、ある事象の背景になる知識体系の欠片やら、関連する事項やら、脱線やら、であった。類義語を思い浮かべるように検索する方法を「シソーラス型検索」というが、この本もシソーラス的である。生物学はことに、このような網羅的・索引的な知識が多い分野だ。物理学ならば多様な運動を単純で美しい方程式に落とし込むことができるが、複雑と多様性の権化である生物学はそうはいかない。生物学に $E=MC^2$ のような明快な式は滅多にない。「生物は生まれて育って繁殖して死ぬ」くらいなら間違いないように思うかもしれないが、では分裂で増える単細胞生物は、一体いつまでが「その個体の一生」なのだろうか？　考え出すと夜も眠れなくなること請け合いだ**（註１）**。

生物学は差異と多様性を楽しむ学問でもある。変異と制約と地質学的な時間が絡み合った果てに呆れるほどの多様性を獲得した生物は、全てを同じ説明に帰結させようとしても、「俺は違うぞ、どうしてくれる」という跳ねっ返りが必ず残る。そこが割り切れなくてイヤだ、という人もいるだろうし、「そこがいいんだよ」という私のような人もいるだろう。

こんな雑多なアレコレを覚えるなんてめんどくさい、科学は考えることこそ重要だ！という意見も勿論、あるだろう。その通り、雑多なアレコレから仮説を立てたり、理論を考えたり、法則を見つけたりするのは重要だ。ただ、それ「だけ」が重要なわけではない。我々はいまだに自然の全貌を知らず、それゆえに「こんなことがあったよ」と記録し続けることにも意味があるからだ。

何より、私は「考えるのが大事だ、暗記なんて意味がない」という（いささか陳腐すぎる）意見には賛成しない。だって、あまりに多様で雑多な「生物」という存在を考えるためのソース、元ネタとして、記憶をすぐに参照できるのがどれだけ便利なことか。そもそも、様々な例を覚えていなければ、何を参照して良いかすら判断できないではないか。かつてE・Oウィルソン（超有名な生態学者）が日本に来た時、彼を案内した先生は「道ばたの草を見ては学名を挙げて質問攻めにされるんだよ。自分は植物はわからないし、まして学名になるともうお手上げだった」と仰っていた。生態学のような守備範囲の広い分野では特に、目にするもの全てを把握して理解する必要があり、そのためにも受け皿となる知識体系は必須なのである。世の中に無駄な知識はない。何でもかんでも覚えておけば、いつかどこかで利用できる。最悪、暇を持て余した時に話のネタにできる。誰もいなかったら独り言を呟いていてもいい。

そもそも、科学とは人の「知りたい」という欲求を満たすものだったはずだ。「暗記なんか無駄だよね」などとスカしたことを嘯くのは、逃げである。山ほど覚えて、山ほど考えればいい。「覚えなくてもいい」などと悟るのは、まだまだ早い。この世は知らないことや面白いことに満ちているのだし、未知なる面白い事がある限り、人は退屈しなくてすむのである。例えば、カラスとかな。

今回もまた植木ななせさん、安武輝昭さんに大変お世話になった。前著『カラスの教科書』に仕込んでおいたネタは「敢えて言おう、カラスであると！」くらいだが（註2）、今回は飛ばしすぎだ。なんぼなんでもアホすぎるわ、と思われた場合、それは私の責任である。ご勘弁願いたい。……これでも自重したのだが。

また、他の研究者に聞いたカラスの話を織り込ませて頂いているが、もし事実関係に誤りがあった場合、それも記憶の狭間にゆらゆら揺れる私のトリアタマの責任である。

（文中の『ソロモンの指環』からの引用は『ソロモンの指環』（コンラート・ローレンツ著、日高敏隆訳／ハヤカワ文庫ＮＦ）による）

註1【考え出すと夜も眠れなくなる】一つの考え方は、「同じ遺伝子形が保持されている間は同じ個体」というもの。ゾウリムシは分裂によって増えるが、条件によっては接合を行い、2個体が遺伝情報の一部を交換して遺伝子形を変化させる。有性生殖で言えば「交配」を行っているわけだ。だとしても分裂するたびに「同じ遺伝子形を持った自分のコピー」が増えるわけで、体を構成する材料も半分コして受け継いだものだ。どちらがオリジナルでどちらがコピーか、と考えると頭が痛くなる。

註2【敢えて言おう、カラスであると!】『機動戦士ガンダム』のギレン閣下の演説より。元ネタは「敢えて言おう、カスであると!」わざわざプロフィールに追加したこの一文は、敢えて言おう、ネタであると! ただし、筆者はガンダムの形が好きじゃないので見ていない。造形に関する私の趣味はザク、ドム、スコープドッグといった、もっとメカメカしい奴である。それでも名台詞の3つや4つは知っているのだから、時代を作った作品であるのは確かだ。

参考文献とオススメ文献

Bibliography

カラスについてもっと知りたい人に

『カラスの教科書』
2012／松原始（著）雷鳥社

『カラスの自然史』
2010／樋口広芳・黒沢令子（編） 北海道大学出版会

『カラスはどれほど賢いか』
1988／唐沢孝一（著） 中公新書

『カラスの常識』
2007／柴田佳秀（著） 寺子屋新書

『カラスはなぜ東京が好きなのか』
2006／松田道生（著） 平凡社

『カラス、なぜ襲う』
2000／松田道生（著） 河出書房新社

『カラス、どこが悪い!?』
2000／樋口広芳・森下英美子（著） 小学館文庫／電子書籍

『カラス科に属する鳥類の食性に就いて』
1959／池田真次郎（著） 林野庁

『The Jungle Crows of Tokyo』
1990／N. Kuroda. Yamashina Institute for Ornithology.

『ワタリガラスの謎』
1995／B．ハインリッチ（著） 渡辺政隆（訳）どうぶつ社

『Crows of the World』
1986／D. Goodwin. British Museum Natural History.

『Crows and Jays』
1994／Steve Madge & Hilary Burn. Houghton Mifflin.

ワタリガラスについてさらに知りたい人に

『Mind of the Raven』
1999 ／ B. Heinrich. Cliff Street Books.

鳥のことなら何でも一冊で済ませたい人に

『鳥類学』
2009 ／フランク・B・ギル（著）山階鳥類研究所（訳）山岸哲（監修）新樹社

『鳥の生活』
1997 ／ M・ブライト（著）丸武志（訳）平凡社

形態や解剖学、動き方に興味のある人に

『鳥の骨探』
2009 ／松岡廣繁（総指揮）、安部みき子（編）エヌ・ティー・エス

『鳥の生命の不思議』
2003 ／アドルフ・ポルトマン（著）、長谷川博（監訳）どうぶつ社

『羽―進化が生み出した自然の奇跡』
2013 ／ソーア・ハンソン（著）、黒沢令子（訳）白揚社

『鳥と飛行機どこが違うか』
1999 ／ヘンク・テネケス（著）、高橋健次（訳）草思社

『ハトはなぜ首を振って歩くのか』
2015 ／藤田祐樹（著） 岩波科学ライブラリー

『ペンギンが教えてくれた物理のはなし』
2014 ／渡辺佑基（著） 河出ブックス

『野鳥の医学』
1997 ／ J・E・クーパー＆ J・T・エリー（編）、小川巌、小川均（訳）どうぶつ社

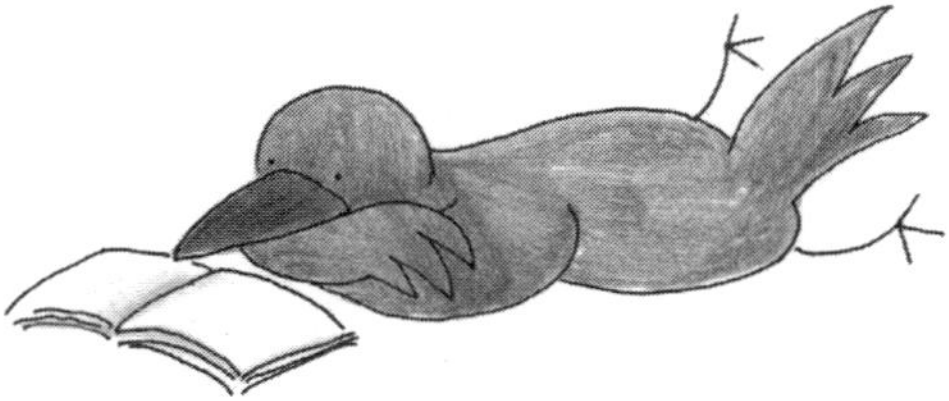

鳥の進化を知りたい人に

『鳥類学者 無謀にも恐竜を語る』
2013／川上和人（著）技術評論社

『そして恐竜は鳥になった』
2013／土屋健（著）小林快次（監修）誠文堂新光社

『フィンチの嘴』
2001／ジョナサン・ワイナー（著）樋口広芳、黒沢令子（訳）ハヤカワ文庫 NF

鳥の知能や認知に興味のある人に

『鳥脳力』
2010／渡辺茂（著）化学同人

『ピカソを見わけるハト』
1995／渡辺茂（著）NHK ブックス

『アレックス・スタディ —オウムは人間の言葉を理解するか』
2003／Irene Maxine Pepperberg（著）渡辺茂、山崎由美子、遠藤清香（訳）共立出版

『アレックスと私』
2010／アイリーン・M・ペッパーバーグ（著）佐柳信男（訳）幻冬舎

『世界一賢い鳥、カラスの科学』
2013／ジョン・マーズラフ、トニー・エンジェル（著）東郷えりか（訳）河出書房新社

『鳥の渡りの謎』
1994／R・ロビン・ベーカー（著）網野ゆき子（訳）平凡社

『動物は世界をどう見るか』
1995／鈴木光太郎（著）新曜社

『動物たちの心の世界』
2005／マリアン・S・ドーキンス（著）長野敬 他（訳）青土社

『Cognitive Ecology』
1998／ Edited by R. Dukas. The University of Chicago Press.

『Comparative Analysis of Mind』
2003／ S. Watanabe. Keio University Center for Integrated Research on the Mind.

動物行動学を楽しみたい人に

『ソロモンの指環』
1998／コンラート・ローレンツ（著）日高敏隆（訳）ハヤカワ文庫 NF

鳥の社会や行動について知りたい人に

『オシドリは浮気をしないのか』
2002／山岸哲（著）中公新書

『鳥はなぜ集まる？』
1990／上田恵介（著）東京化学同人

『一夫一妻の神話』
1987／上田恵介（著）蒼樹書房

鳥の歌について知りたい人に

『小鳥はなぜ歌うのか』
1994／小西正一（著）岩波新書

『「つながり」の進化生物学』
2013／岡ノ谷一夫（著）朝日出版社

『さえずり言語起源論』
2010／岡ノ谷一夫（著）岩波科学ライブラリー

身近な鳥について知りたい人に

『スズメの謎』
2012／三上修（著）誠文堂新光社

『スズメ　つかず・はなれず・二千年』
2013／三上修（著）岩波科学ライブラリー

『ツバメの謎』
2015／北村亘（著）誠文堂新光社

都市の鳥全般を知りたい人に

『身近な鳥の生活図鑑』
2015／三上修（著）ちくま新書

『スズメの少子化、カラスのいじめ』
2006／安西英明（著）ソフトバンク新書

『都市鳥ウォッチング』
1992／唐沢孝一（著）講談社ブルーバックス

『早起きカラスはなぜ三文の得か』
1997／唐沢孝一（著）中公文庫

自分も調べてみよう！　と思った人に

『鳥類生態学入門』
1997／山岸哲（著）築地書館

『野外鳥類学への招待』
2006／トマス・C・グラッブ Jr.（著）樋口広芳、小山幸子（訳）新思索社

【名前】カラスくん
【年齢】5歳
【性格】好奇心旺盛だけどちょっと臆病
【好きな食べ物】マヨネーズ、フライドポテト
【苦手な食べ物】七味唐辛子、キムチ
【好きな色】黒
【得意なこと】人間観察
【住処】ほどよく葉の茂った街路樹
【好きなことわざ】今泣いたカラスがもう笑う
【得意料理】フライドチキンのマヨネーズ和え
【住んでみたいところ】屋久島
【旅行して気に入ったところ】上野動物園
【最近凝っていること】進化論について考えること
【何をしているときが一番落ち着く？】読書
【憧れの鳥】シルバースポット（銀の星）

【おまけ】カラスくん漫画 **カラスと巣作り**

作：松原始　絵：植木ななせ

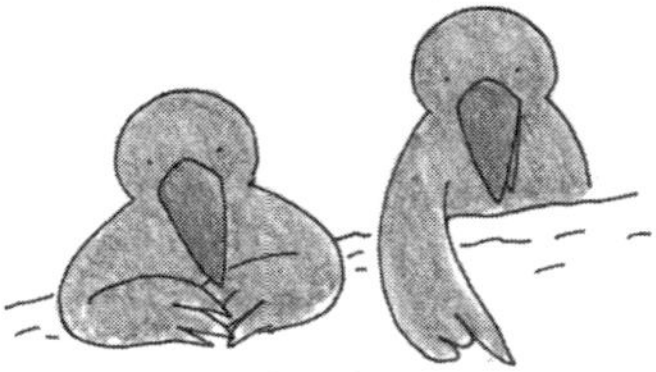

これ、枝っぽくない？

枝……か、な？

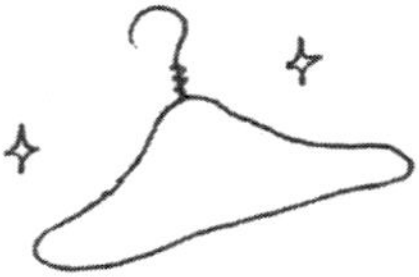

固いし、細いし、長いし、曲げられそうだし

うん、いいんじゃないの？

じゃあ拾ってみようか。
ぱくっ

どう？

すんげー持ちにくい。こうかな。違うな。こっちか。
いや、違うな。こうやってこうやって……　こうか？**（註1）**

あ、なんかいい感じ

おかしいなぁ、ハンガーが足りない

【註1】カラスはハンガーをくわえて飛ぶ際、
フックの下のねじってあるところを持ちます。
（でないとバランスが悪いので）

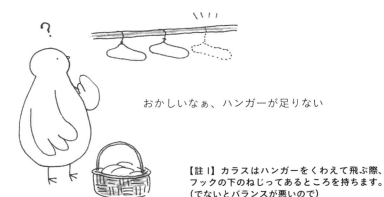

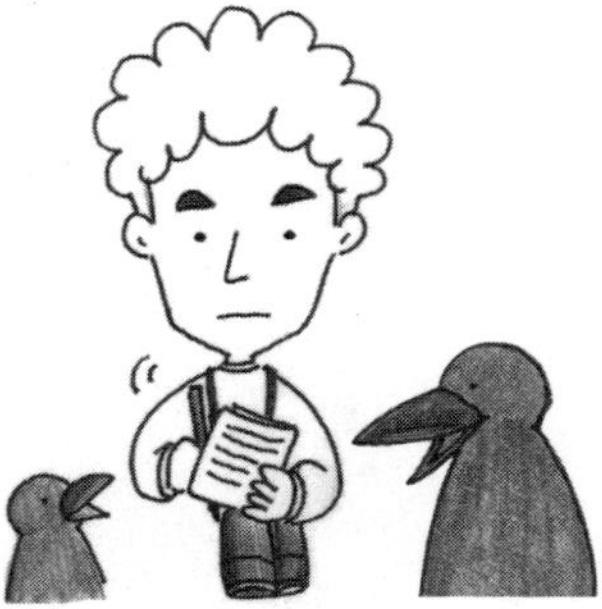

松原 始（まつばら はじめ）
1969年奈良県生まれ。京都大学理学部卒業、
同大学院理学研究科博士課程修了。
京都大学理学博士。専門は動物行動学。
2007年より東京大学総合研究博物館勤務。
研究テーマはカラスの行動と進化。
著書に『カラスの教科書』（雷鳥社）などがある。

カラスに燃え、カラスに萌えるカラス馬鹿一代。
「そこまでカラスにこだわるのは何故だ!?」と
聞かれれば、「カラスだからさ」と答えるしか
あるまい。

カラスの補習授業

著：松原 始

発行日：2015年12月20日 第1刷発行
2025年 3 月20日 第5刷発行

発行人：安在美佐緒

発行所：有限会社雷鳥社

〒167-0043 東京都杉並区上荻 2-4-12

tel 03-5303-9766　fax 03-5303-9567

http://www.raichosha.co.jp

info@raichosha.co.jp

郵便振替：00110-9-97086

印刷・製本：シナノ印刷株式会社

編集・ブックデザイン・イラスト（カラスくん）：植木ななせ

編集：安武輝昭

イラスト（スケッチ）：松原 始

定価はカバーに表示してあります。

ISBN978-4-8441-3686-6 C0045

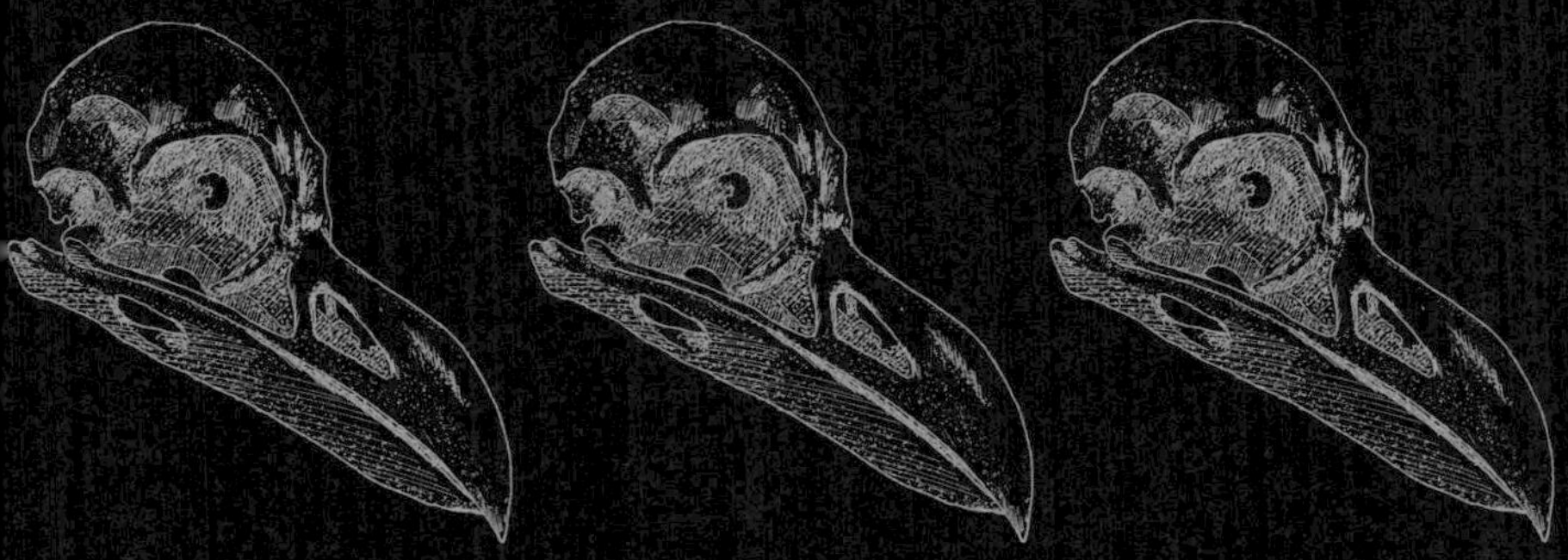

ハシブトガラスの頭骨